KB271642

스위트 **도쿄**

# 스위트 도쿄

지은이 주호진
펴낸이 안용백
펴낸곳 (주)도서출판 넥서스

초판 1쇄 발행 2009년 7월 1일
초판 2쇄 발행 2009년 7월 6일

출판신고 1992년 4월 3일 제311-2002-2호
121-840 서울시 마포구 서교동 394-2
Tel (02)330-5500 Fax (02)330-5555

ISBN 978-89-6000-553-2 13980



www.nexusbook.com
넥서스BOOKS는 (주)도서출판 넥서스의 실용 브랜드입니다.

달콤하고 행복한 Cake 여행 

# 스위트 도쿄

글 · 사진 주호진

넥서스BOOKS

# Prologue

## 집으로 가는 버스를 타러 가는 길.

내 앞에 걸어가는 아저씨, 기분이 참 좋아 보이신다. 무슨 특별한 날인가? 한 손에는 선물처럼 보이는 깨끗한 종이 가방을, 또 다른 한 손에는 케이크를 들고 걸어가는데 양팔을 바이킹보다 훨씬 더 큰 곡선 모양으로 앞뒤로 흔들며 걸어간다. 케이크야 어찌되든 마냥 기분이 좋아 보인다. 힘차게 케이크를 들고 가시는 아저씨의 모습이 쉽게 지워지지가 않는다.

케이크를 볼 때의 기쁨은 만들 때도 먹을 때도 크지만 누군가와 함께 나눌 때가 가장 크다. 아저씨의 모습에 괜시리 나도 덩달아 케이크를 하나 샀다. 집에서 촛불을 켜 축하를 하니 엄마 아빠가 오늘이 무슨 날이냐고 물으신다. "응, 오늘 내가 한국에 귀국한 지 47일째 되는 날이야~" 그게 무슨 날이냐는 표정들이시다. 하지만 나의 케이크 사랑을 잘 아시는지라 촛불을 켜고 함께 축하해 주신다. 그나저나 마땅히 부를 노래가 없다. 하지만 부를 노래가 있든 없든 무슨 상관이겠는가. 가족들과 한 입 한 입 나눠 먹으며 서로의 건강을 축하하며 마냥 웃었다.

나는 케이크가 가지고 있는 상징적 느낌이 좋다. 기쁨, 축하, 기념 등등. 하지만 나의 일본에서의 케이크에 대한 추억은 조금 다르다. 일본은 사실 세계 1,

2위를 다툴 만한 케이크 시장과 기술을 가지고 있다고 해도 과언이 아니다. 게다가 중요한 건 그 시장과 기술을 인정할 만한 손님의 수준 또한 굉장히 높다는 것이다. 일본에서 4년 6개월 동안 지내며 느낀 일본의 디저트 시장이라고나 할까. 일본에서 생활할 때는 꼭 무슨 날이 아니어도 케이크를 사 놓았다. 집에서 친구들을 불러 밥을 해 먹고 마지막은 케이크를 디저트로 수다를 시작하곤 했다. 우울한 이야기가 있거나 날씨가 안 좋은 날이면 좀 더 단 케이크를 선호했고, 회사 일에 피곤해서 지쳤을 때는 초콜릿 케이크를 선호했다. 그렇게 일본에서의 내 생활 속엔 언제나 케이크가 있었고 그 주위엔 친구들이 함께했다.

케이크를 먹는 게 취미라고 말하기엔, 케이크는 식사처럼 가까웠고 추억이라고 하기엔 지금도 생생하다. 순수하게 일본의 케이크, 그 달콤한 맛에 이끌려 조금이라도 유명한 케이크 가게가 있으면 쉬는 날마다 먹으러 찾아 다녔고, 일하는 날에는 케이크를 만들며 일본 사람들에게 기술을 배웠다. 그렇게 열심히 먹다 보니 모두가 꼭 먹어 봤으면 하는 가게가 생겼고 나만 알고 싶은 이기적인 생각이 든 가게도 있었다. 많은 한국 사람들이 일본으로 여행을 오는 것을 볼 때마다 볼 것도 많고 하고 싶은 것도 많은 도쿄 여행 코스에 꼭 케이크집 하나를 넣어 일본의 케이크 맛을 느끼고 그 달콤함으로 인해 여행이 좀 더 즐거워졌으면 하는 바람이 있었다. 이 책을 통해 일본의 케이크 세계를 살짝 맛보았으면 좋겠다.

주호진

# Contents

LAVINIA
Tea Room

本日の甘
豚キム子
甘

## Sweet Cake 6
### 다하지 못한 이야기

화려한 기분을 느낄 수 있는


어른들을 위한 케이크


그날의 한 입이 더 그리운,


사랑스러운 케이크 밀푀유가 가득한


나도 모르게 케이크에 중독되어 버리는 곳


케이크 관련 일본어

Sweet Cake 1
일본의 색깔이 묻어나는
일곱 빛깔 디저트
Nous sommes contents et fiers de ces gâteaux cuits dans notre four
qui est un partenaire apprécié de nos pâtissiers.

# 특별함이 그리운 전통의 맛

# 몽·블·랑

몽블랑 [Mont—Blanc]
프랑스 전통 케이크 몽블랑은 알프스의 최고봉인 몽블랑 산을 본떠서 만들었다. 생크림이
가로 세로로 포물선을 그리며 달콤한 맛을 내는 게 몽블랑의 특징이다.

일본은 진득진득한 무더움이 지나가고 산산한 바람이 불기 시작하면 그제서야 가을이 시작된다. 내가 가을을 기다리는 이유는 가을은 몽블랑의 계절이기 때문이다. 밤이 메인 재료인 몽블랑을 일 년 내내 판매하는 가게도 있지만 그와 다르게 가을 한정 제품으로 한두 달 동안만 판매하는 곳이 대부분이다. 가을 한정 제품으로는 고구마, 호박 등도 있지만 그중 당연 압도적인 지지와 인기를 얻고 있는 몽블랑은, 파는 곳을 찾아다니며 먹는 또 다른 재미를 느끼게 해 준다.

내가 일하고 있는 가게에서는 유독 1년 내내 밤 사용이 많은데 노란 밤도 사용하지만 속껍질을 포함하고 있는 짙은 갈색 밤을 많이 사용한다. 오전에 해야 할 일 중 몇 킬로그램이나 되는 무거운 깡통을 열어 짙은 브라운계의 밤을 반씩 자르는 작업이 있는데, 그날은 멍하니 밤을 자르다 길게 생긴 껍질을 보고 그만 바퀴벌레라고 착각해, 악!!! 하며 소리를 질러 버렸다. 내 비명에 놀란 직원들이 다들 모여들었다.

"호진, 무슨 일이야?"

"서기……, 밤 껍질이…… 바퀴벌레 날개인 줄 알고 놀라서 그만."

다들 어이가 없는지 한참 웃다가는 각자의 자리로 돌아갔다. 그날 아침 집에서 바퀴벌레를 보고 놀랐던 바람에 착각을 해 버린 것이다. 휴~

밤을 보며 놀란 가슴을 진정시킬까 해서 오늘은 특별한 곳을 찾았다. 일본에 처음으로 '몽블랑'을 만들어 손님들에게 판매한 곳이 있다. 1933년, 내가 태어나기도 훨씬 전인 그해에, 처음으로 문을 연 이곳은 가게 이름 또한 몽블랑이며, 현재 3대째 그 맛을 이어가고 있다. 내가 케이크집에 갈 때마다 선택하는 메뉴가 있는데 바로 치즈 케이크와 몽블랑이다.

몽블랑 케이크는 밤을 메인 재료로 하여, 면을 돌돌 말아 올린 디자인을 기본으로 하는데 재료로 들어가는 밤의 종류에 따라 맛이 다르고 디자인 또한 조금씩 다르다. 가게 '몽블랑'의 셰프는 프랑스에 있는 호텔에서 처음 먹어 본 몽블랑 케이크에 반해 가게 이름을 몽블랑으로 하기로 결정했다고 한다. 현재는 몽블랑이라는 케이크를 어느 가게에서나 흔하게 만날 수 있지만 1933년만 해도 그 얼마나 획기적인 케이크였겠는가!

이 몽블랑 가게는 일본풍의 몽블랑이라는 느낌을 주고 싶어 카스테라 위에 카스타드 크림, 바닐라 풍미의 버터 크림, 생크림, 이렇게 세 가지의 크림을 속에 넣고 중간에 일본의 노란 밤을 첨가했다. 네 번째 크림은 밤 크림으로, 알프스의 바위 표면을 표현해 장식했다고 한다. 맨 위에 올려진 머랭-meringue, 달걀 흰자에 설탕과 아몬드, 코코넛, 바닐라 등의 향료를 약간 넣어 거품을 낸 뒤에 낮은 온도의 오븐에서 구워 바삭거리도록 만든 것을 말한다. 가벼운 질감을 주기 위한 용도로 사용된다.-은 만년설을 이미지화하며 레몬 향의 맛을 낸다. 1933년 오픈 때부터 지금까지, 제조 공정이나 레시피는 바꾼 일이 없다고 한다. 그래서 모두 손으로 하나하나 정성이 많이 들어가는 작업이다.


특이하게도 이곳 몽블랑의 평가는 참으로 다양하다. 위치 또한 케이크의 천국 지유가오카에 있는 바람에 젊은 케이크집들과 대조를 이룬다. 몽블랑 가게가 오래되어 시대에 뒤떨어진 맛을 가졌다고 말하는 손님도 있는 반면, 언제나 변하지 않고 오랫동안 보존하며 지켜 나가는 그 처음의 맛을 사랑하는 손님들도 많다. 나 또한 일본에서 처음 만들어졌다는 몽블랑은 어떤 맛일까? 하고 궁금했었지만 막상 지유가오카에 가보면 젊고 유명한 케이크집들이 많아 이곳의 방문은 항상 미뤄지곤 했다. 지유가오카에 있는 웬만한 케

이크집을 다 가 보고 나서야 찾아가게 된 몽블랑은 오래된 옛날의 맛이 현재의 것보다 떨어질 것이라고 생각한 내 판단을 반성하게 했다.

　게다가 몽블랑을 다녀간 후부터는 더욱 더 남들의 '맛있다, 맛없다'는 평가에는 그다지 귀 기울이지 않게 되었다. 맛도 중요하지만 가게의 서비스나 가게가 가지고 있는 색깔, 그리고 손으로 하나하나 만드는 전통의 과정들을 묵묵히 지켜 나가는 그 정성의 맛에 감동해 버렸기 때문이다.


　가게 몽블랑을 찾는 손님의 세대를 보면 더욱 재미있다. 할머니가 손주를 데리고 오는가 하면, 나이 든 노부부가 함께 오기도 하고, 젊은 엄마가 아이를 데리고 오기도 하는 등 여러 부류의 손님들이 가게를 찾는다. 따뜻함이

느껴지는 가게 몽블랑~. 부모님과 함께 오고 싶다는 생각이 들었다.

가게 '몽블랑'은 몽블랑과 함께 쿠키 과자 세트를 베스트 아이템으로, 오랫동안 사랑을 받고 있으며 최근엔 일본식의 마카롱-Macaron, 과자의 한 종류로 카트린느 드 메디치가 앙리 2세와 결혼하면서 이탈리아에서 가져온 과자이다.설탕과 아몬드, 코코넛, 호두 등의 분말을 메렝게로 가볍에 섞은 후 오븐에 구워 크림을 발라 샌드한 과자이다.-을 판매하기 시작했는데 종류는 6가지로 '밤맛, 녹차맛, 소금 카라멜맛, 생강맛, 딸기맛, 유자맛'이 세트를 이루며, 젊은 고객들에게 인기가 많아, 요즘 일손이 더 바빠졌다고 한다.

오랫동안 고객들의 사랑을 받으며, 전통의 맛을 지켜 나가는 가게 몽블랑, 한국에도 이런 전통 있는 가게들이 많아졌으면 하는 바람이다. 지금의 가

게들이 50~60년이 지나도 그 자리를 지키며, 꾸준히 손님들에게 사랑받는
가게가 되길 바라며, 나도 그런 케이크 가게를 하나 만들고 싶다.

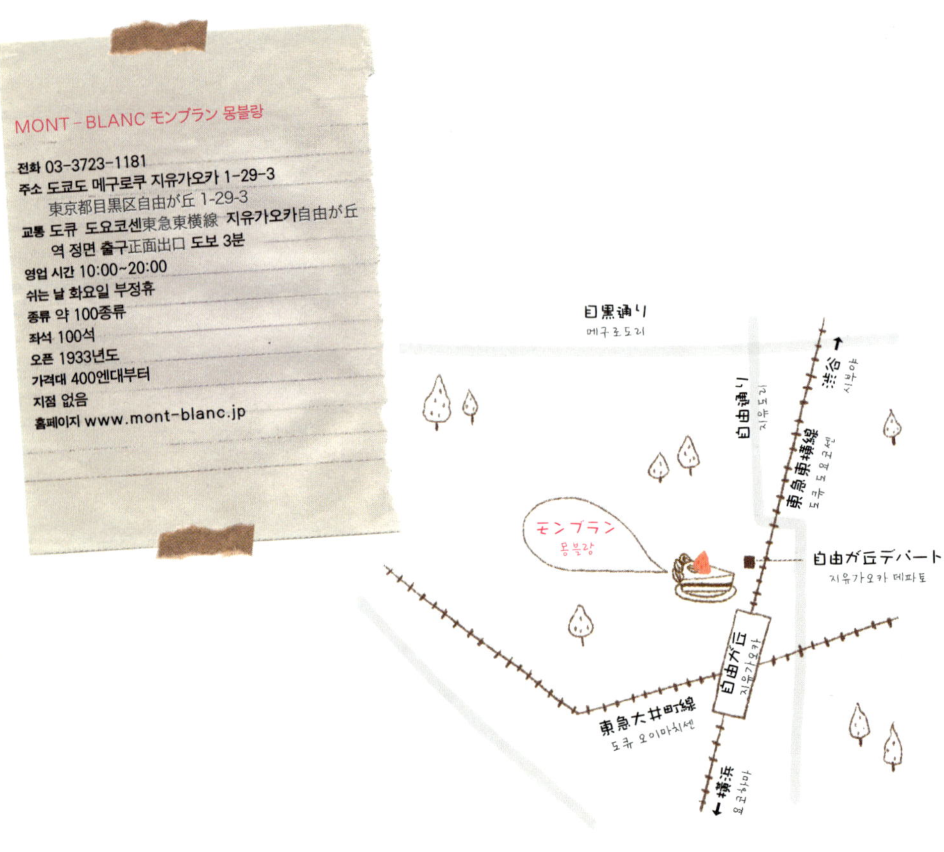

매년 많은 종류의 케이크 대회가 전국 여기저기서 열리고 있는데, 일본에서는 JAPAN CAKE SHOW TOKYO가 매년 성황리에 열리고 있다. 일본 양과자 협회에서 운영하며 전국 양과자업계를 대표하는 빅 이벤트로 한 건물의 2층부터 5층까지를 사용하는 만큼 일반인도, 제과 관련 사람들도 많이 찾아오는 규모 있는 케이크 쇼다. 건물 2층에는 케이크와 차를 먹을 수 있는 재팬 케이크 쇼 전문 커피숍이 있으며, 3층엔 학교나 재료 회사들 그리고 오븐이나 기계 회사들의 홍보 부스가 칸칸으로 나누어져 상담할 수 있는 곳이 마련되어 있다. 4층과 5층엔 초콜릿 공예, 버터 크림 케이크, 포장 콘테스트, 마르지팬—marzipan. 아몬드 분말과 설탕을 1:1 또는 1:2로 섞은 것을 말한다. 지점토같이 반죽으로 되어 있어 모양을 내기에 좋다.—으로 꾸민 데코레이션 케이크, 설탕 공예 등 여러 분야의 케이크들이 전시되어 있다.

관람을 하며 사진을 자유롭게 찍을 수 있기 때문에 방문하기 전 카메라 배터리를 제대로 충전해야 후회하지 않는다. 그리고 4층에서는 한 ·

중·일 대표자들의 케이크 기술 대회나 초콜릿 기술 대회를 개최하는 코너가 있는데, 관람석에 의자가 준비되어 있어 천천히 관람할 수 있다. 일본의 케이크 기술을 직접 느껴 보는 시간을 가질 수 있으니 기회가 된다면 방문해 보도록 하자.

JAPAN CAKE SHOW TOKYO
재팬 케이크 쇼 도쿄

**행사명** JAPAN CAKE SHOW TOKYO
**기간** 매년 10월, 3일간 개최된다.
**장소** 도쿄 도리쓰 산쿄 보에키센타 하마마츠초칸 2~5 층
　　　東京都立産業貿易センター 浜松町館 2~5階
**TEL** 03-3434-4248(개최 기간 중에만 연결됨)
**입장료** 1000엔 (3층에서 구입 가능)

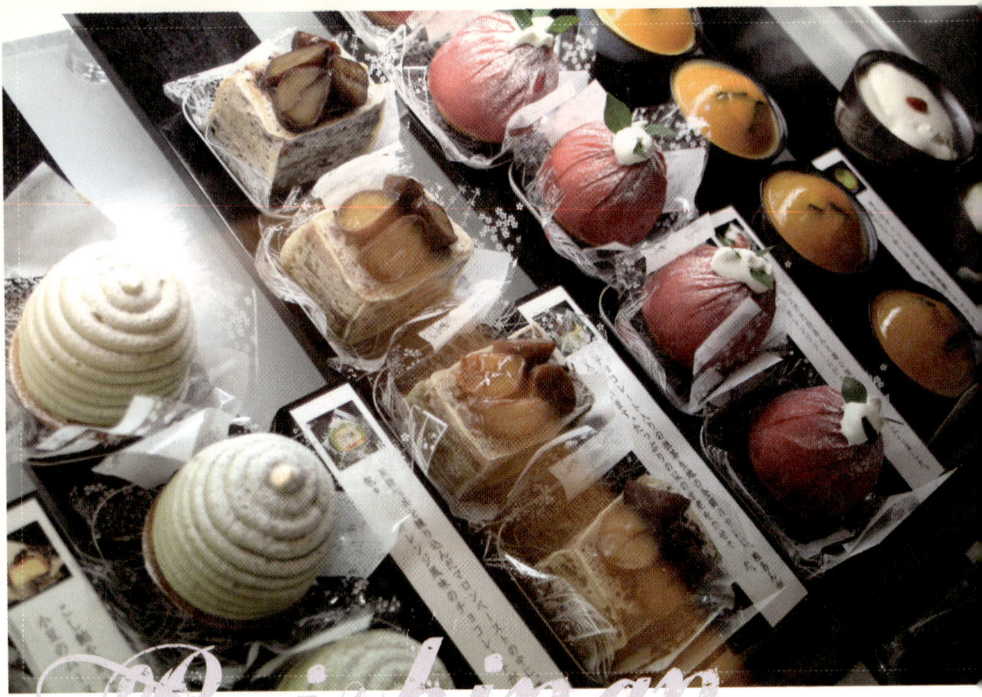

Baishinan

# 화과자도 아니야, 양과자도 아니야
# 바 · 이 · 신 · 안

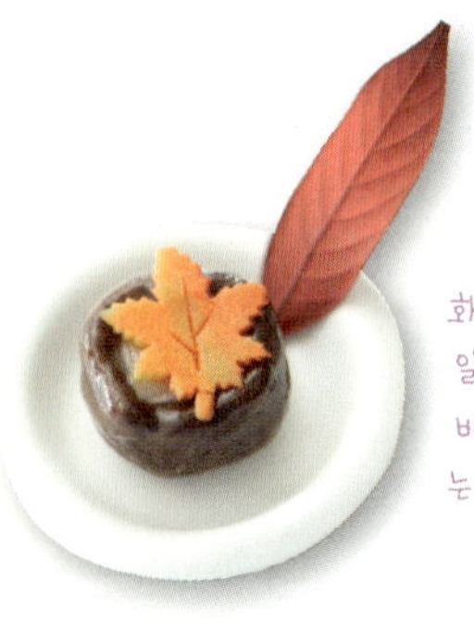

화과자 [和菓子]
일본의 전통 과자로 손으로 정교하게 빚은 와가시는 과거에 궁중에서 신에게 바치는 음식으로 사용하였으며, 왕족과 일부 귀족만 맛볼 수 있었다. 와가시는 첫맛은 눈으로, 끝맛은 혀로 즐긴다는 말이 있을 정도로 모양이 화려하다.

한국의 식단 속에서 김치를 빼놓을 수 없다면 일본에서는 녹차를 빼놓을 수 없다. 무엇을 먹든 어떤 음식이 그날의 메인이든 상관없이 일본에서는 항상 녹차로 시작해 녹차로 마무리한다. 나는 일본 사람이 전부인 교회에 몇 년간 다니고 있는데 처음에 가장 익숙하지 않았던 것이 바로 점심 시간에 밥과 함께 녹차를 마시는 것이었다. 하루는 점심 준비를 돕는데, 망에 녹차잎을 얼마나 넣어야 하는지 잘 몰랐던 나는 녹차 준비를 위해 많은 녹차잎을 한꺼번에 주전자 속 망에 넣었다. 그리고는 뜨거운 물을 가득 넣고 녹차를 따르는데, 녹차잎이 불어나 뚜껑이 확 열려 버렸다. 뚜껑이 열린 주전자 속에 엄청난 녹차잎이 가득 불려 있는 것을 본 교인들이 기겁을 하고는 너무 어이가 없었는지 웃어 버리고 말았다.

일본의 식당에서는 물과 녹차가 따로 준비되어 있어 물도 녹차도 같이 마실 수 있지만, 일상생활에서 일본 사람들과 함께 식사를 할 때면 녹차를 물처럼 마시는 모습을 볼 수 있다. 게다가, 여름에도 아주 뜨거운 녹차를 마시며 밥을 먹는다. 처음엔 그 쓸쓸한 녹차가 익숙하지 않았지만, 입 안을 깔끔하게 해 주는 녹차는 마시면 마실수록 습관이 되어 이젠 녹차가 없는 생활은 상상도 할 수 없게 되었다.

내가 '녹차에 이렇게 익숙해져 있구나'라는 것을 느낀 것은 바로 필리핀 여행에서였다. 2주간의 필리핀 생활 속에서 가장 힘들었던 것이 바로 녹차가 없는 생활이었다. 슈퍼에서 그린티라고 적혀 있는 음료병을 발견하고 반갑게 구매했지만 시럽이 듬뿍 들어 있는 아이스티였다. 고기를 먹을 때나 조금이라도 기름진 것을 먹을 때면 녹차가 그리울 뿐이었다. 다행히 한국에는 여러 종류의 녹차가 있고 일본보다 쓴맛이 강하지 않아 더 마음에 든다.

일본인 친구의 초대를 받아 집에 놀러갈 때면 친구는 항상 녹차를 내준

다. 그래서 나도 이제는 일본인 친구 집에 방문할 때면 항상 화과자를 선물로 사가는데 과자 선물이 활발하게 오가는 일본에서는 아기자기하고 예쁘게 포장된 화과자를 쉽게 만날 수 있다. 녹차 맛을 몰랐을 때는 아기자기하고 귀여운 겉모양만 보고 화과자를 구입해 한 입 먹어 보고는 '아이고~ 달아~' 하며 그 맛을 이해할 수 없었는데, 일본의 차 문화를 만나고 나서는 녹차와 화과자의 궁합을 인정하지 않을 수 없게 되었다.

하지만 일본의 젊은 사람들에게는 프랑스 과자가 더 많은 인기를 누리고 있다. 주말에 백화점 지하 식품 매장에 가면 화과자 코너의 가게들보다 양과자 코너에 사람들이 넘쳐나는 것을 흔히 볼 수 있다. 나는 일주일에 한두 번은 신주쿠에 있는 백화점 지하 1층에서 많은 케이크 가게 사이를 오가며 '오늘은 어떤 케이크들을 먹어 볼까~' 하며 달콤한 고민에 빠진다.

도쿄에 있는 유명한 케이크 가게들은 백화점에도 분점을 낸 곳이 많아 군이 본점에 가지 않아도 맛있는 케이크들을 만날 수 있는데, 신주쿠 다카시마야 백화점 지하의 화과자 코너에서 양과자의 느낌을 가진 색다른 케이크를 만났다. '와우~ 이거 정말 재미있는 케이크들이 많은데'라며 나의 흥미를 돋운 가게는 '바이신안'이었다. 새로운 장르를 개척한다는 새로운 발상으로 콘셉트를 잡은 바이신안은 화과자 전문 회사 바이린도에서 새롭게 만든 케이크 브랜드다. 화과자에 양과자의 특징을 최대한 살려 손님들이 화과자를 프랑스 케이크처럼 잘 받아들일 수 있도록 만들었는데, 그만큼 많은 노력이 돋보인다. 팥크림 몽블랑, 콩을 넣은 롤케이크, 무로 만든 케이크들과 함께 여름엔 두부를 넣은 딸기젤리, 연근으로 만든 젤리, 토마토와 샐러리로 만든 젤리를, 가을엔 감과 콩을 넣은 초코무스 케이크를 시작으로 계절에 맞는 재

료를 사용한 다양한 케이크들을 만날 수 있다. 사용하는 재료의 종류 자체가 일반 케이크 가게와는 많이 달라 '이 케이크는 어떤 맛일까?' 하고 기대하게 만드는 곳이다.

케이크의 재료를 잘 살펴보다 보면 '무로도 케이크를 만들 수 있구나. 감으로도 케이크를 만들 수 있구나. 아~, 연근으로는 이런 스타일의 디저트가 될 수 있구나.' 하고 감탄을 하게 된다. '그럼 대파로 케이크를 만들어 보면 어떨까?' 하고 엉뚱한 생각마저 하게 되는데, 이런 시간들은 내게 좋은 공부가 된다. 화과자와 양과자의 조화가 어떤지 궁금하다면 바이신안에 들러 보자.

## Baishinan 梅芯庵 바이신안

전화 03-3568-7761
주소 도쿄도 미나토쿠 아자부주반 1-9-2 유니맛토 아
　　자부주반비루 1~2F 東京都港区麻布十番1-9-2
　　ユニマット 麻布十番ビル1, 2F
교통 오에도센大江戸線 아자부주반麻布十番 역 7번 출
　　구 근처
영업 시간 11:00~20:00
쉬는 날 연중 무휴
종류 약 40종류
좌석 44석
오픈 2004년도
가격대 300엔부터~
지점 이케부쿠로 도부 백화점, 신주쿠 다카시마야 백화
　　점 등
홈페이지 www.baishinan.co.jp
★ 현재 아자부주반의 본점은 이사 준비로 잠시 휴업 중이다.
　　하지만 분점들은 그대로 운영되고 있다.
　　이사가 결정되면 홈페이지에 공지될 것이라고 한다.

아자부주반이란 지역이 생소할 수도 있지만 롯폰기에서 한 정거장 거리에 있어 걸어서도 갈 수 있으며 일본에 두세 번 정도 방문한 적이 있다면 가 본 기억이 있는 장소일 수도 있다.

옛것과 현대의 것이 공존하는 아자부주반은 여름엔 긴 마쓰리(축제)로 많은 사람들이 찾고 있으며, 평소에는 맛집들로 많은 인파가 몰린다. 나도 롯폰기보다 더 편안하게 자주 가는 곳이다. 하지만 다른 점이 있다면 나는 오로지 빵을 먹으러 간다는 것!

'몽타뷰'란 이름의 초록색 간판을 단 빵집에서 홋카이도 우유빵을 먹어보고 처음으로 '빵이 이렇게 맛있을 수가 있구나.' 하고 감동했던 곳으로, 가끔 생각이 날 때면 주섬주섬 가방을 챙겨 곧장 몽타뷰로 달려가 달랑 빵만 사서 집으로 돌아오기도 한다.

하얀색의 깔끔한 인테리어가 돋보이는 바이신안의 본점도 아자부주반에 있다.
신주쿠의

다카시마야 백화점이나 이케부쿠로 백화점에서도 바이신안을 만날 수 있기 때문에 굳이 본점에 가 보려고 하지 않았었는데, 아자부주반의 본점을 찾아갔을 때 차분한 느낌의 멋진 인테리어를 한 2층을 둘러보고는 와 보길 잘 했다는 생각이 들었다. 멋진 그릇에 하나하나 정성껏 담겨 나오는 케이크를 보면서 아자부주반의 럭셔리한 분위기를 실감할 수 있었다. 1층에는 오렌지 치즈 만주부터 시작해 화과자들이 예쁘게 자리잡고 있다.

아자부주반엔 일본 원조 붕어빵집(나니와야 소혼텐浪花家本店)도 있고, 200년 된 소바집(나가사카사라시나 누노야타헤이永坂更科布屋太兵)도 있으며 곳곳에 맛집과 함께 센베이 전문점 등 많은 가게들이 있어, 개인적으로 화려한 롯폰기보다 더 맘에 드는 곳이다. 하지만 장소가 장소인만큼 대부분의 가게가 높은 가격대를 제시하고 있으니 두둑한 지갑이 필수다.

# 빙글빙글 매력 덩어리 롤케이크
# 이·소·자·키

롤 케이크 [Roll Cakecake]
들어간 재료에 따라 딸기 롤케이크, 초코 롤케이크, 커피 롤케이크, 호박
롤케이크 등으로 자기가 좋아하는 재료를 이용하여 얼마든지 새로운 맛
을 낼 수 있다.

내게 롤케이크는 엄마를 생각나게 하는 케이크다. 제과 공부를 시작할 때부터 엄마는 "롤케이크는 언제 또 만드니? 네가 만든 롤케이크는 두툼한 데다 부드러워서 참 맛있더구나~." 하며 항상 내 롤케이크의 열렬한 팬이 되어 주셨다. 레시피도 같고 맛도 비슷비슷한데 엄만 유독 내가 만든 롤케이크를 기다리고 항상 귀하게 아끼며 드셨다. 그런 엄마의 모습이 항상 내 머릿속에 남아 있어 일본에서 입에서 살살 녹는 롤케이크들을 먹을 때면 '다른 기술은 몰라도 일본의 롤케이크 기술만큼은 꼭 배워가야지~.' 하며 다짐하곤 했었다.

동경제과학교를 졸업한 후 일본의 케이크 가게에서 일을 한 지 10개월이 지나갈 때쯤 가게 선배가 "오늘은 호진짱이랑 같이 롤케이크를 만들까 하는데 어때?" 하며 롤케이크를 만들 수 있는 기회를 주었다. ─가게마다 계급이 있는데 롤케이크를 만들려면 꽤 오래 일을 해야 만들어 볼 수 있는 기회가 주어진다. ─ 두 명이서 손발을 맞추며 믹서기 돌리기부터 시작해, 굽고, 생크림으로 샌드하여 말고, 썰기 등등의 일들이 이어진다. 둘이서 오전에 이 작업을 다 끝내고 다음은 케이크 작업으로 순서대로 빠르게 이어가야 한다.

학교에서처럼 롤케이크 한 줄을 둘이서 만드는 것과는 일의 속도에 있어 차원이 달랐다. 엄청난 양의 롤케이크를 빨리빨리 만들어 내야 하는데 처음으로 이렇게 많은 양을 만들어 보는 나에게, 선배는 가르쳐 주랴, 이거 하랴, 저거 하랴 바쁜데 나는 도무지 뭘 해야 할지 잘 알 수가 없었다. 롤케이크도 한 종류만 만드는 것이 아니라 딸기 롤케이크는 기본이고 가을이라 밤 롤케이크까지, 두 제품을 다른 양의 다른 방법으로 동시에 만들기 때문에 나는 머리가 멍해질 지경이었다. 게다가 오븐마다 화력이 조금씩 차이가 있기 때문에 롤케이크를 구울 때는 표면의 상태를 보며 윗불을 조절하는, 경험에서

나오는 테크닉이 필요하다.

이런 와중에 나는 롤 안에 들어갈 크림 만들랴, 밤 자르랴, 중간중간 자투리 일하랴, 학교에서처럼 오븐 앞에 서서 제품이 구워지기만을 기다리며 서 있는 건 있을 수 없는 일이었다. 결국 그날 나는 너무 많이 구워서 푸석푸석해진 롤을 만들어 버렸다. 셰프에게서 "다시 해!"라는 소릴 들으며 정신을 차렸지만, '어쩜 좋을까' 롤케이크 작업을 끝내야 할 시간인데 처음부터 다시 만들어야 하니, 나 때문에 다음 제품을 만들어야 하는 시간들이 늦어지고 있었다. 하지만 어쩔 수 없다. 난 아직 배우는 과정이고, 경험도 부족하니 오늘을 토대로 내일은 좀 더 잘 만들어 볼 수밖에……. 다음날 정신을 똑바로 차리고 기합을 넣었지만 좀처럼 긴장이 풀리지 않았다. '오늘도 실수하면 롤케이크를 만들 수 있는 기회는 영영 없어질 수도 있다고……' 각오를 다지며 일을 시작했다.

오늘은 순순히 잘 만들어진다 싶더니 또 너무 많이 구웠다. 어제 그리 따가운 눈총을 받아 놓고서는, 또 너무 많이 구워 롤케이크들을 동글동글 말 수 없는 지경으로 만들어 버렸다. 죄송하다는 말을 삼백 번은 하고 더욱더 긴장한 얼굴로 롤케이크 작업을 처음부터 다시 시작했다. 그때 "호진 씨! 밀가루 2배합으로 해서 좀 재줘!"라고 말하며 크림 상태를 보러 간 선배의 말을, 나는 "호진 씨 밀가루 좀 재줘."라고만 듣고 '2배합'이라는 말은 쏙 빼먹고 말았다. 그날 만들어진 롤을 썰어 보는 시간, 셰프가 "롤이 왜 이리 얇아?" 하며 놀라셨다. 알고 보니 내가 밀가루를 반만 재서 넣었기 때문이었다. 결국 이날 롤케이크는 매장에서 만나볼 수 없었다. 롤케이크 제품이 나 때문에 펑크가 난 것이다. 사실 매장에서 제품에 펑크를 낸다는 건 엄청난 사고이다. 시간, 재료, 인건비, 손님들에 대한 이미지 등등 엄청난 손실과 연결되기 때문이다.

며칠 동안 롤케이크를 만들며 실패할 수 있는 웬만한 원인들을 다 겪은 나는 '정신차리자, 정신차리자.'를 되뇌며 그 다음 해야 할 일을 계속 머릿속에 그리며 일을 시작했다. 그 결과 드디어 호진표 롤케이크를 매장에 내놓을 수 있게 되었다. 휴~ 사실은 롤케이크를 말고 나서 옮기는 도중 미끄러져서 심하게 손가락 자국을 낸 롤이 있었는데, 슬그머니 모른 척하며 넘어갔다. ^^


일본에서 맛본 롤케이크 중에 베스트를 꼽으라면, 바로 '이소자키'의 롤케이크이다. 물론 이미 많은 사람들에게 사랑을 받고 있는 이소자키는 대표적인 케이크 가게이기도 하다.

한번 먹어 보면 중독되는 이소자키의 롤케이크는 최고라는 말 이상 붙여 줄 마땅한 표현이 생각나지 않을 정도로 굉장히 부드럽다. 종류는 일반 롤케이크, 녹차 롤케이크, 인절미 롤케이크 세 종류가 있다. 그중 나는 녹차 롤케이크를 가장 추천한다. 하루에 150개 이상 팔려 나간다는 롤케이크는 내가 가게를 방문한 오후 시간에도 한창 만들기에 바빴다. 속에 잘게 썬 밤이 들어가 있어, 부드러운 롤케이크에 씹는 즐거움까지 더한다.

이소자키의 본점은, 전철에서 내려 가게로 걸어가는 내내 '정말 내가 제대로 찾아가고 있나?'라는 확인을 몇 번이나 하게 만들 정도로 수많은 빌딩 숲 가운데에 위치하고 있다. 2년 전 이곳에 높은 빌딩과 맨션 건물이 나란히 지어지기 시작할 때 이 건물들이 완성되고 나면 이 거리가 더 번화할 것을 예측해 이 높은 빌딩 1층에 달콤한 케이크 가게를 낸 이소자키의 셰프는 자신만의 색깔을 지닌 30대의 젊고 열정적인 사람이었다.

이곳 가게의 이름은 셰프의 이름 그대로 이소자키다. 가게에는 특이한 로고가 간판을 장식하고 있는데 셰프가 직접 한자로 된 본인의 이름을 로고로 만들어 가게를 상징했다고 한다. 가게 안에는 여러 가지 구운 과자, 케이크 등이 깔끔하고 단정하게 정리되어 판매되고 있는데, 매장 일을 자주 도와주시는 부인의 심플한 취향이 반영되었다고 한다.

열정이 강한 셰프는 무엇이든지 직접 하는 스타일이기 때문에 그의 손을 거쳐 완성된 케이크 하나하나가 셰프만의 색깔을 그대로 잘 나타내고 있는 것 같았다. 셰프라면 새 케이크를 연구하기에도 바쁜데, 제품 포장에도 에너지를 쏟는 것이 대단하다고 말했더니 요즘은 많은 아이디어 상품들이 여기저기 널려 있기 때문에 손님들이 이소자키의 케이크를 선택하게 하기 위해선 경쟁력을 가져야 한다고 이야기한다. 셰프는 케이크의 맛 또한 신경 쓰고 인정받아야 할 문제지만 포장으로도 만족감을 주어야 한다며 포장의

중요성을 다시 한 번 일깨워 주신다. 2년 전 오픈한 이소자키는 현재, 하마초 역(浜町駅) 근처 본점과 긴자 프로앙땅 백화점에 지점을 두고 있다. 본점까지 찾아올 필요 없이 긴자에 있는 프로앙땅 백화점 지하 1층 양과자 코너에 있는 이소자키점을 이용하면 편하다.

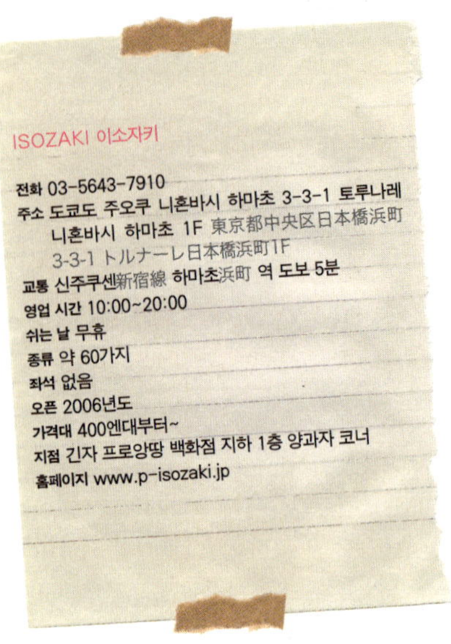

# 지유가오카에 있는 롤케이크 전문점을 찾아가 보자

　　일본에서 유명한 몽상쿠레루
의 츠지구치 셰프가 낸 여러 가게
중 하나인 롤케이크 전문점으로,
롤케이크 전문점으로는 세계 최초
라고 한다. 다양한 롤케이크를 만날
수 있는데, 일찍 서둘러 가지 않으면 몇
개 안 남은 롤케이크들만 보게 된다.

　　몸에 좋은 재료를 쓰는 것에 조섬을 두고 있으며 롤케이
크 이외에도 구운 과자와 쿠키가 있다. 몇 명만 들어가도 꽉 찰 만큼 아
주 작은 가게라 내부는 심플하면서도 귀여운 인테리어를 콘셉트로 하고 있다.

**지유가오카 롤케이크**

**주소** 도쿄도 메구로쿠 지유가오카 1-23-2
　　　東京都目黒区自由ヶ丘1-23-2
**위치** 지유가오카自由ヶ丘 역에서 도보 5분
**전화** 03-3725-3055
**팩스** 03-3725-3031
**시간** 11:00~19:00
**휴일** 수요일, 세번째 화요일
**홈페이지** www.jiyugaoka-rollya.jp

TSUJIRI

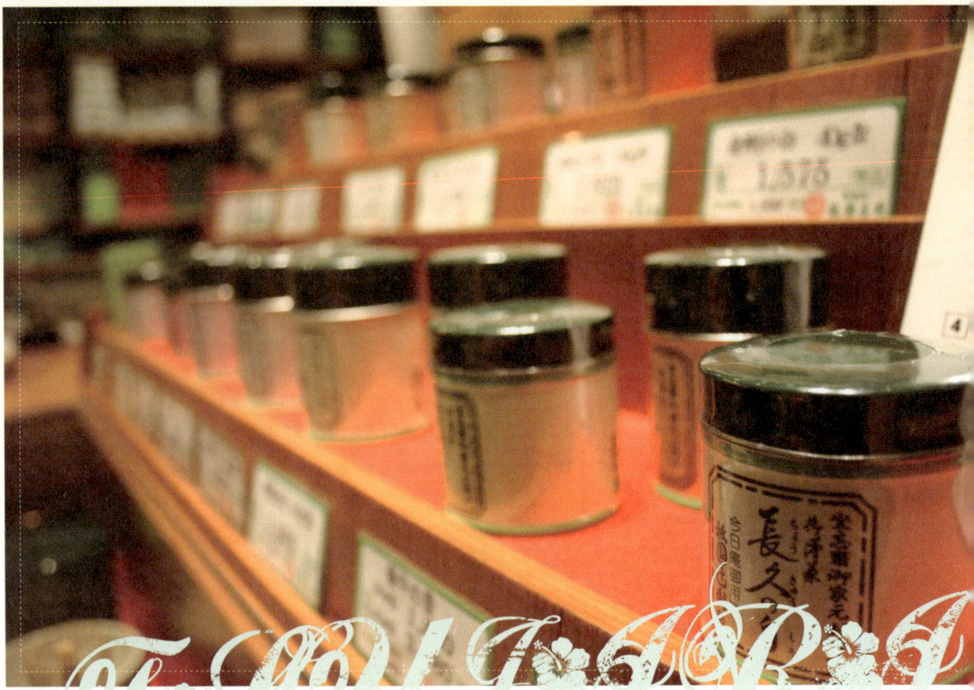

## 한 입의 감동, 녹차 파르페

# 쓰 · 지 · 리

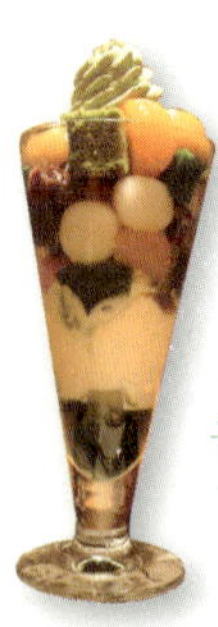

파르페 [parfait]

층이 높은 글라스에 아이스크림과 거품을 낸 생크림, 잘게 썬 과일, 초콜릿크림 등을 번갈아 넣고 윗부분을 장식하여 스푼으로 섞어 가며 먹는 빙과.

여자에게 외출을 준비하는 시간은 신중하다. 나는 화장하는 시간이나 옷 입는 시간보다 가방을 챙기는 시간을 좋아한다. 나의 외출은 거의 케이크집을 찾아 먹으러 가는 경우가 많은데, 외출 시 가방을 챙기는 것에도 나름 순서가 있다. 한 번도 가 보지 않은 케이크집을 갈 땐 일단 큰 가방을 준비한다. 무거워도 용서되게끔 어깨에 맬 수 있는 가방에, 큰 카메라 한 대를 집어 넣는다. 무겁지만 사진이 잘 나오니 무게를 감수할 수밖에. 그리고 아끼는 GR콤팩트 필름 카메라도 항시 챙긴다. 이렇게 카메라 자매를 챙기고 나면 자세한 지도가 그려진 케이크 가게 소개 책 –나는 방향 감각이 전혀 없기 때문에 책이 아무리 자세해도 막상 가 보면 무용지물이다. –과 어떤 상황에도 대비할 수 있도록 흑백과 칼라 필름 한 통씩, 쥐방울이 사준 아이팟 그리고 내가 먹고 싶은 케이크 리스트가 쫙 적혀 있는 노트, 읽을 만한 책 한 권, 그리고 한 장으로 모든 종류의 지하철과 버스를 탈 수 있는 파스모 교통 카드와 케이크를 맘껏 먹을 수 있도록 도와주는 머니까지 챙기면 외출할 준비가 끝난다.

오늘 이렇게 가방을 싸고 찾아간 곳은 시오도메! 조금은 생소할 수도 있는 지역 이름이지만 초고층 빌딩 건물로 이루어져 있는 곳이다. 오랫동안 보고 싶어 벼르고 있던 뮤지컬 라이온킹을 하고 있는 뮤지컬 극장과 함께 박물관, 쇼핑몰, 레스토랑 등이 생기면서 새로운 현대적 거리로 알려진 곳이기도 하다.

특히 근처에 자리잡고 있는 방송국 건물 마당에는 일본의 인기 프로그램을 콘셉트로 한 작은 세트장을 여러 개 만들어 놓아 기념사진도 찍을 수 있다. 이곳저곳 구경하며 방송국에서 시간 가는 줄 모르고 몇 시간을 놀았더니 배도 고프고 다리도 슬슬 피곤해졌다. 도쿄의 많은 번화가를 놔두고 굳이 내가 시오도메를 찾아온 건 바로 쓰지리의 녹차 파르페랑 일본 전통의 디저트

宇治茶
祇園辻利
京都祇園

를 맛보기 위해서였다. 사실 이곳에서 처음 녹차 파르페를 먹고 난 후부터는 근처에 갈 일이 또 없나? 하고 계속 생각나는 곳으로 시오도메의 고층 빌딩 중 하나인 카렛타 빌딩 지하 2층에서 만날 수 있다.

지하 2층엔 레스토랑과 함께 식코너들이 많은데 유독 쓰지리만큼은 오픈 전부터 기다리는 긴 줄에, 오전 11시에 오픈하자마자 순식간에 자리가 꽉 찰 정도로 일본 사람들에게 많은 사랑을 받고 있다. 쓰지리는 원래 30년 전 도쿄가 아닌 교토에서 젊은 사람들도 녹차를 즐겼으면 좋겠다는 취지로 오픈한 가게로, 어린아이부터 나이 드신 어른들까지 모두 좋아하는 일본식 디저트 가게이다. 교토를 소개하는 여행책에는 항상 쓰지리가 디저트 맛집 랭킹 베스트로 소개되며 텔레비전 프로그램에서도 많이 방송되어 그 인기는 시간이 갈수록 더해간다.

며칠 후 엄마와 이모가 일본에 온다는 소식을 들었다. 4년 동안 어찌 하다 보니 엄마 아빠는 한 번도 네가 사는 이곳에 오신 적이 없었다. 이제 슬슬 한국에 돌아가서 자리를 잡아야겠다고 생각한 나는 짐도 한국으로 보낼 겸, 엄마가 한 번 오시는 게 낫겠다 싶어 엄마에게 SOS를 청했고, 그런 참에 엄마와 이모 그리고 친구분이 함께 오신다는 소식에 한참을 들떠 있었다. 하지만 기쁨도 잠시, 그나저나 어딜 구경시켜 드려야 좋아하실까~ 하며 행복한 고민이 시작되었다. 그때 가장 먼저 떠오른 곳이 온천도 아니고 스시도 아닌 쓰지리였다. '그래 엄마가 프랑스 과자는 달다고 할 수 있으니 양과자가 아닌 화과자를 소개시켜 드려야지. 그리고 이왕이면 맛있는 쓰지리로 말이야.'

쓰지리의 본점은 쿄토에 있지만 도쿄의 시오도메 지점에서도 쿄토에 있는 가게와 같은 맛을 내기 위해서 녹차 카스테라와 아이스크림 과자 등 대

부분의 재료들을 쿄토에서 매일 공수해 오고 있다고 한다. 단, 파르페에 들어가는 녹차 한천만 이곳 가게에서 만든다. 한천－우뭇가사리의 점장을 동결 건조한 젤라틴 투명막－은 하루 이상 지나면 물이 나오기 때문에 만든 날 바로 써야 하는 재료다. 녹차 파르페는 종류가 몇 가지 되지만 그중에서도 과일과 녹차 카스테라, 떡 아이스크림 등이 많이 들어간 특선(特選) 녹차 파르페를 추천해야겠다.

처음 쓰지리에 찾아간 날, 긴 숟가락으로 한 입을 떠 먹어 보고 이렇게 감탄사가 터져 나온 파르페는 처음이었다. '어쩜 이렇게 깔끔하게 잘도 넘어간다니~' 일본에 살면서 녹차로 만든 디저트나 녹차 아이스크림은 나름 많이 먹어 봤는데 그중에서도 쓰지리의 녹차 파르페는 녹차의 쓴맛, 아이스크림의 단맛, 떡의 쫀득함이 함께 조화를 이뤄 유별나게 맛이 있었다. 순식간에 파르페와 전통 디저트, 카스테라 등등 이것저것을 다 먹어 버렸다. 너무 순식간에 해치워 버려 맛을 좀 더 음미하며 천천히 먹을걸 하는 아쉬움이 있었다.

가게의 차분한 이미지와 일본식 그림들이 조화롭고, 입구에는 녹차가루와 녹차 도구, 그리고 녹차 카스테라, 녹차 과자 등이 진열되어 있어 녹차를 좋아하는 사람은 구경하는 재미가 쏠쏠할 뿐 아니라, 한국에 돌아갈 때 살 선물을 준비하기에도 좋은 곳이다. 녹차는 최상급의 녹차만을 들여오니 가격은 조금 비싼 편이다. 제대로 된 녹차를 마셔 보고 싶은 사람에게 추천하는 쓰지리! 녹차를 처음 마셔 보는 사람에겐 좀 쓸 수 있으니 카스테라나 단맛을 내는 디저트와 함께 시켜 먹으면 딱 좋다.

# 가루 녹차를 맛있게 먹는 방법~

가루 녹차[抹茶]는 녹차잎을 고운 가루로 만든 것을 가리킨다. 가루 녹차에 쓰이는 녹차잎은 재배할 때부터 일반 녹차와 다르게 키우는데, 싹이 나고 2주가 지나기 전에 잎 위에 덮개를 씌워서 직사광선을 받지 못하게 한다.

티백은 물에 녹는 성분만을 마시고 나머지는 그냥 버리게 되는데 반해, 가루 녹차는 녹차의 모든 성분인 지용성 비타민 A, 토코페롤, 섬유질을 버리지 않고 다 섭취할 수 있다는 장점이 있다. 그리고 가루 녹차 1잔에는 레몬 1개의 5~6배에 해당하는 비타민 C가 들어 있어 일본에선 특히 여름에 물 대신 많이 마시기도 한다. 겨울엔 감기 예방으로도 좋다. 하지만 빈 속에 마실 경우 위가 약한 사람에겐 위를 쓰리게 하는 경우가 있으니 공복에는 마시지 않도록 해야 한다.

가루 녹차는 생산 과정부터 티백 녹차보다 만드는 것이 까다롭기 때문에 일반 녹차보다 약간 비싼 편이다. 그리고 개봉 후엔 가능한 빨리 먹는 게 좋으며 냉동고에 보관해야 한다. 그래야 공기에 닿아 노랗게 산화되는 것을 막을 수 있다. 주로 일본 사람들이 자주 접하는 가루 녹차는 정식으로 마실 때는 다선과 다완이 필요하다. 가루 녹차를 1~2g 정도 넣고 뜨거운 물을 부은 후 다선으로 M 자를 그리면서 거품이 날 때까지, 덩어리가 없어질 때까지 잘 섞으면 된다. 가루와 물을 섞는 역할을 하는 다선은 아래의 대나무가 몇 가닥이냐에 따라 등급이 나눠진다고 하니 잘 살펴보며 구입하도록 하자.

가루 녹차는 차로 마시는 것 외에도 휴대하기 편한 장점을 살려서 우유나 요구르트, 사이다 등의 음료수에 타 마시거나 아이스크림에 조금 섞어 먹으면 깔끔한 맛을 즐길 수 있다.

나와 친한 한 언니는 라면에도 곧잘 뿌려 먹는다. 떡이나 수제비, 국수 반죽을 할 때 조금 넣으면 고운 녹색과 함께 녹차 요리가 되니 센스 있는 여자가 될 수 있지 않을까? 기름진 음식을 만들 때 조금 넣으면 느끼한 맛도 없애 주고 소화도 돕는다. 초록색인만큼 색을 감안해 너무 많이 넣어 요리 색깔에 지장을 주지 않도록 석낭랑을 조절히는 것도 중요하다.

# 케이크 가게에 가기 전
# 알고 가면 좋은 참고 사항들

1 다른 손님들을 위해 일반적으로 케이크 가게는 카메라 촬영을 금지하는 곳이 많다. 사진 금지라는 푯말이 있는 가게에서는 매너를 지켜 주고 찍지 못한 아쉬움이 있다면 가게 출입구에서 기념사진을 찍는 것으로 만족하자.

2 쉬는 날에 부정휴라고 적혀 있는 가게는 꼭 방문하기 전에 전화로 가게가 혹시 쉬는 건 아닌지 확인하고 가야 헛수고를 덜 수 있다. 가는 날이 장날이라고 가끔

연중 무휴라고 되어 있는 가게도 가게의 사정에 의해 쉴 때가 있으니 말이다.

**3** 나 같은 방향치를 위해서 일본의 모든 지하철역 출구에는 역 근처에 대한 지도가 자세하게 나와 있으니 한 번쯤 방향을 확인하는 것도 좋다. 그러고도 정 못 찾으면 어느 역이든 역 옆에 경찰 마크가 조그마하게 붙어 있는 코반이라는 경찰서가 있다. 코반에 들러 길을 묻는 것도 헤매지 않는 요령이다.

**4** 케이크를 사러 가는 가장 좋은 시간대는 늦은 오전이 좋다. 이른 오전에는 케이크 준비가 덜 될 수도 있기 때문이다. 그날 판매할 분량만 만들어 파는 가게가 대부분이니 너무 늦은 오후에 찾아가 얼마 남지 않은 케이크를 보며 아쉬워하지 말고, 조금 이른 오후 시간에 찾아가는 것이 좋겠다.

**5** 계절이나 유행 또는 콘셉트에 따라 바뀌며 새로운 케이크가 끊임 없이 생기는 가게가 많으니 가을 한정 제품을 여름에 찾는 일이 없도록 하자.

**6** 조각 케이크의 소비가 많은 일본에서의 케이크 한 조각의 가격대 레벨은 이러하다.

☆ 조금 저렴한 곳: 300~400엔대
☆ 대부분의 케이크집: 400~500엔대
☆ 장소가 좋은 곳: 600~700엔대
☆ 비싼 곳: 800~1000엔대

거기에 세금이 5% 추가된다. 그리고 호텔 안에 있는 케이크집에서 먹을 경우에는 서비스 부과료가 추가되니 지갑을 두둑하게 챙겨야 한다.

**7** 케이크를 포장해서 들고 다닐 경우 아무리 드라이아이스나 아이스팩을 넣어 준다고 해도 긴 외출 시엔 케이크가 녹거나 디자인이 망가지는 경우가 많으니 빨리 먹든가 냉장 보관을 하도록 하자!

Sweet Cake 2
친구들과의 수다가 그리운
따뜻한 카페 같은 곳
Nous sommes contents et fiers de ces gâteaux, cuits dans notre four
qui est ici partenaire apprécié de nos pâtissiers.

# 따뜻함이 그리워질 땐 홍차를 마시러 갈래
# 라·비·니·야

홍차 [紅茶, black tea]
　홍차의 어원은 19세기 중엽부터 홍차를 생산해 수출하려 했던 일본인이 자국 내의 녹차를 '일본차'로 부르고 유럽인이 마시는 차를 차의 빛깔이 붉다고 하여 홍차라고 부르던 것을 그대로 받아들여 사용하기 시작했다.

너와는 어떻게 이 좋은 것을 같이 공유할 수 없는 거니? 하며 많은 사람들이 내게 불평을 한다. 이렇게 내가 안타까워지는 때는 밥을 먹고 난 후 "커피?"라는 물음에 "커피…… 못 마시는데……"라고 대답할 때다.

나는 커피를 마시지 못한다. 하루에 6잔 이상 커피를 즐기시는 아빠와는 달리 커피 향 자체가 체질에 맞지 않아 커피 시럽이 듬뿍 들어간 케이크도 한두 입 이상 먹질 못한다. 커피를 못 마셔서 잃은 것이 있다면 얻은 것도 많다.

고등학교 때 케이크를 만들려면 음료도 같이 공부해야 한다며, 부모님께 칵테일 학원에 보내 달라고 조른 적이 있다. 엄마 아빠는 나의 이런저런 억지스러운 설득에, 그럼 조주기능사 자격증 따는 것을 약속하면 보내 주겠다고 하셨고 몇 달 후 우리는 서로를 만족시키는 결과를 만들어 냈다. 술을 배워 어디에 쓰겠냐 싶지만 사실 오랫동안 배운 시식은 아니지만 사물을 보는 시야는 굉장히 넓어졌다.

더운 7월 여름, 호텔에 실습생으로 나갔을 때도 다른 견습생들은 식사 후 선배에게 냉커피를 타드렸지만 나는 손으로 갈아 만든 레몬에이드를 타서 선배에게 드렸다. 레몬, 시럽, 물, 얼음 이렇게 기본적인 것만 들어갔음에도 배율이 잘 맞아서일까? 선배들도 내가 먼저 퇴근하는 날에는 "레몬 워터 2리터 만들고 퇴근해라~"며 내가 만든 레몬에이드를 즐겼다. 일본에 오고나서부터는 홍차를 처음 만났는데, 처음엔 그 쓸쓸한 맛과 예쁜 홍차 케이스에 빠져들었다. 일본은 영국뿐만 아니라 수많은 나라의 홍차들이 다양하게 들어와 있다. 누구나 일본에서 조금만 살게 되면 유명 브랜드 홍차의 매력에 쉽

게 빠져 들게 된다. 사실 전문가에게도 들었지만 비싼 홍차와 싼 홍차의 차이
보다는 홍차를 끓이는 방법에 따라 그 맛과 향이 결정된다고 하니, 잘 끓일
줄 아는 사람이 된다면 그렇게 비싼 홍차를 이용하지 않아도 된다고 한다. 하
지만 정작 수입 브랜드 홍차 매장에 가 보면 그 매력에 압도당해 그 홍차들은
뭔가 달라 보이기까지 한다.

　학교를 다니는 내내 누군가의 집을 방문할 때면 항상 얼그레이 홍차를
마시며 수다를 시작하곤 했었다. 학교에 다닐 때는 케이크 가게에 가면 어느
가게나 음료 값이 보통 우리 돈으로 5천 원대 혹은 그 이상 하기 때문에, 그 음

료 값이면 차라리 케이크를 하나 더 먹어 보겠다는 헝그리 정신에 항상 음료
는 물을 시키곤 했다.

　하지만 그런 나도 케이크 한 조각 이상의 가격을 가진 음료를 시킬 때가
있는데 바로, 라비니아에 갈 때다. 따뜻하고 순박한 인상을 주는 중년 부부가
운영하는 이 가게는 홍차 전문점으로, 손으로 만든 타르트도 만나 볼 수 있
다. 남편이 젊을 때 홍차 전문점에서 아르바이트를 하며 홍차 만드는 법을 배
웠는데 그때부터 홍차의 매력에 푸욱 빠지셨다고 한다. 어느날 홍차와 가장
어울리는 디저트가 무엇일까? 하고 고민하던 중에 케이크를 생각해 냈고, 남
편은 오로지 홍차와 어울리는 케이크를 만들기 위해 기술을 배웠다고 한다.
그때부터 지금까지 변함 없이 아침 일찍 가게에 나와 주방에서 일일이 손으
로 그날의 케이크를 만들어 판다고 한다.

ガレット・ブルトンヌ
（2ヶ入）
￥340
レーズンとクルミのサンド
￥220
ミルミエ（2枚入）
￥220

MUSICA TEA
OSAKA JAPAN

“다른 유명한 케이크집들과는 맛이 다르지 않아요?” 하며 아저씨는 본인이 만든 케이크를 무척 자랑스러워하셨다.

“네~. 하나하나 정성스럽게 만든 정성의 맛이 느껴져요~.”

정말 그랬다. 겉 모양이 화려하진 않지만 따뜻한 마음의 맛이 느껴지는 케이크들이었다. 물론 이곳은 무스 케이크 종류보다는 타르트 쪽이 더 많은데 홍차의 쓴맛과 함께 환상적인 조화를 이룬다.

홍차와 케이크가 조화를 이룬 가게를 찾아간 만큼 홍차 이야기를 빼놓을 수 없는데…… 홍차에는 제일 중요한 세 가지 요소가 있다고 한다. 바로 색, 향, 맛이다. 이 가게 주인은 일본 어느 곳이든 홍차를 판매하는 곳은 많지만, 제대로 된 홍차를 마실 수 있는 곳은 그리 많지 않은 것 같다며 안타까워하셨다. 색은 있지만 맛과 향이 없는 곳이 많다며 굳이 비싼 홍차를 쓰지 않아도 되니 만드는 법을 잘 습득하라고 말씀하신다. 그리고 마실 때는 2분 안에 마시는 것이 기장 좋다고 하셨다. 2분이 지나 온도가 점점 내려가면 홍차의 떫은 맛이 느껴지는데 그럴 땐 끓인 물을 조금 보충하면 조금 나아지는 효과가 있다고 한다.

차분한 느낌의 라비니야의 입구로 들어서면 가게 안은 온통 앤틱 그 자체다. 테이블부터 소품 하나하나까지 남편이 선택하며 꾸민 것이라고 한다. 가게 안을 둘러보면 많은 양의 소품이 장식되어 있는데도 불구하고 정말 이상할 정도로 깔끔하게 정리되어 앤틱의 느낌이 잘 살려져 있다. 가게 한쪽엔 케이크가 들어 있는 쇼케이스와 라비니야에서 사용하는 홍차들이 판매되고 있다. 그리고 각각 테이블 위에 올려진 생화들은 매일같이 꽃집에서 배달되어 온다. 그 꽃들이 시들기 시작하면 잘 말려 천장용 장식으로 보기 좋게 탈

바꿈을 한다.

나는 아빠가 리모델링 쪽의 일을 오랫동안 하셨기 때문에 어느 가게를 가든지 그곳의 인테리어를 유심히 살펴보게 되는데 이곳의 인테리어는 훔치고 싶을 정도! 별 다섯 개를 주고 싶다. 앤틱이 그러하듯 조용함과 차분함을 잘 나타내고 있다. 아주머니의 당부에도 손님에 대한 작은 배려가 잘 담겨 있는 듯하다.

"우리 가게는 시끄러운 느낌을 주기 싫어요. 젊은 손님들이 와서 시끌시끌하게 수다를 떨면 주의를 줄 정도예요. 모든 손님들이 공평하게 편안함을 느끼다 가셨으면 좋겠어요."

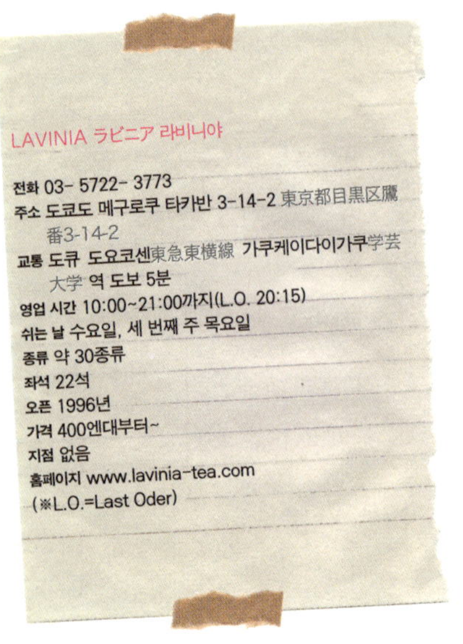



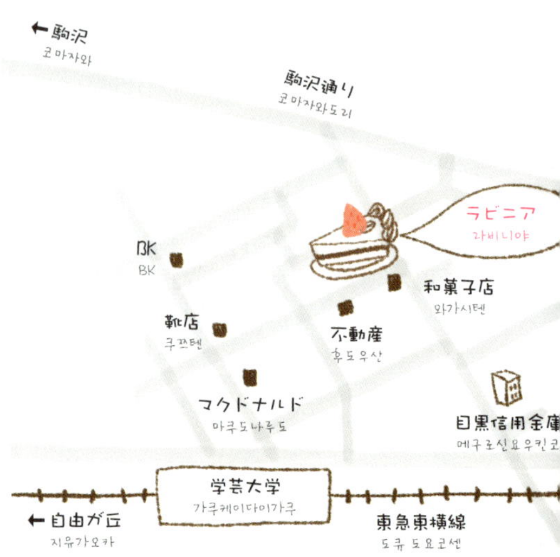

# 맛있는 홍차를 마시는 법

향과 색과 맛이 살아 있는 홍차 만드는 법을 소개하고 싶다.
맛있는 홍차는 온도가 결정하기 때문에 온도에 초첨을 맞추어야 한다.

1. 향과 맛이 우러나는 홍차를 위해선 일단 2개의 포트(혹은 주전자)를
   준비한다.

2. A 포트에는 물을 넣어 팔팔 끓이고(팔팔 끓이는 것이 포인트),
   B 포트에는 한 잔용일 경우 2.5~3g의 홍차잎을 넣어 둔다.
   (홍차 잎을 넣어 두기 전에 컵과 B 포트에 뜨거운 물을 넣어 데워 둔다. 이것은
   나중에 홍차를 넣었을 때 홍차의 온도가 떨어지는 속도를 늦추기 위함이다.)

3. A 포트의 물이 팔팔 끓으면 홍차잎을 넣어 둔 B 포트에 끓는 물을 넣
   는다. 여기서 중요한 건 위에서 물을 폭포처럼 부어 홍차잎이 위아래
   로 원을 그리며 회전할 수 있도록 해야 한다.
   (한 잔을 기준으로 물 양은 150~160ml가 적당하다.)

4. 포트의 뚜껑을 덮고 홍차잎이 작을 경우엔 2분 30초에서 3분간,
홍차잎이 클 경우에는 3분에서 4분 정도를 기다린다.
(좀 더 효과적인 보온을 위해 티 마토를 덮어 두는 것도 좋다.)


5. 포트 안을 스푼으로 가볍게 저은 후 컵 안의 따뜻한 물을 버리고 홍차
전용 망을 컵 위에 얹은 후 포트 안의 홍차를 컵에 따른다.


6. 맛있게 마시면 끝~~
(2분 안에 마실 때가 가장 맛있을 때다. 시간이 점점 지나 홍차가 식을수록 떫
은맛이 나기 때문에 홍차는 두고두고 천천히 마시는 음료가 아니다.)


참고로 레몬을 얇게 썰어 넣기도 하는데 후루츠 계열의 홍차잎을 사용한
것이 아니라면 오히려 레몬이 홍차의 향을 없앨 수 있으니 주의하자.


우유을 넣어 먹고 싶다면 우유 자체를 데우면 우유 특유의 향이 나므로
우유를 넣을 컵을 데운 후 우유를 넣는 방법을 이용해 보는 것도 좋을
것 같다.


그럼 맛있는 홍차와 함께 맛있는 케이크를 먹는 시간을 가져 보세요~

## 친구와의 우정을 지켜 주는 따뜻함

# 마·마·타·르·트

타르트 [tarte]
밀가루와 버터를 섞어서 만든 반죽을 타르트틀(파이 접시)에 깔고 과일이나 채
소를 이용하여 속을 채우고 밀가루 반죽으로 위를 덮지 않아 담겨진 재료가 그대
로 보이게 하는 프랑스식 파이.

4년을 넘게 일본 생활을 하는 나에게 몇 달 만에 한 번씩 돌아가는 한국에서의 시간은 매우 소중하다. 일정은 가능하면 일주일을 넘기지 않으려고 하는데, 한국에서의 일정이 길면 길수록 돌아와서 다시 홀로서기에 적응하기가 힘들기 때문이다. 가끔 한 번씩 돌아가는 한국에서, 한국의 케이크집은 어떨까 하며 이곳저곳 돌아다녀 볼 만도 한데 이상하게도 케이크집은 잘 가지 않게 된다. 물론 일본처럼 케이크만 전문으로 하는 가게가 적어서이기도 하지만 '나의 사랑, 분식'을 배부르게 먹고 나면 그저 차 한잔을 하고 싶은 생각만 간절하여 한국에서는 케이크집보다 카페를 자주 이용한다.

부산 출신인 나는 친구가 있는 경성대, 부경대 쪽으로 자주 놀러 가게 되는데 대학로에 먹을거리와 놀거리가 많이 모여 있고, 멋진 카페 또한 많다. 어릴 적부터 입버릇처럼 "밥은 뭐든 좋아도 디저트는 아무거나가 될 수 없어."라고 말하던, 나를 잘 아는 친구는 밥을 먹고 나면 나에게 디저트 선택권을 준다. 의자가 크고 푹신한 집, 책을 볼 수 있는 집, 녹차라떼가 맛있는 집, 음료 말고 주전부리가 많은 집, 조용한 이야기가 가능한 집, 코드가 맞는 음악을 틀어 주는 집, 인테리어가 예쁜 집, 사진이 예쁘게 찍히는 집 등 내 취향을 살려 선택할 수 있는 행복한 순간이다. 그럴 때면 나는 항상 오랜만에 만난 친구와 함께 차 한잔을 시켜 놓고도 오랫동안 이야기할 수 있는 카페로 데려가 달라고 한다.

신기하게도 몇 개월에 한 번 또는 일 년에 한 번 만날 수밖에 없는 친구인데도, 10년을 같이한 세월 덕분인지 아무리 공백의 시간이 길어도 엊그제 본 사이 같다. 역시 친구와 포도주는 오래될수록 좋다는 말이 거짓은 아닌 것 같다. 편안한 분위기에 푹 빠져 어떤 마음속 이야기도 하게 되는 그런 곳

에서, 내 생각을 오해 없이 전할 수 있는 모국어로, 친구와 함께 편안한 시간을 보낼 수 있으니……. 이런 곳이 많아졌으면 하고 바라며, 나 또한 그런 곳을 만들고 싶다는 소망을 가져 본다.

일본에서도 누군가 내게 편안한 분위기에 맛있는 디저트를 먹을 수 있는 곳을 소개해 달라고 하면 주저 없이 알려 주는 곳이 있다. 타르트 맛 또한 근사해서 왠지 기분이 다운된 날 활기를 찾게 해 주는 곳으로, 애인보다는 친구와 함께 가는 게 더 잘 어울리는 곳, 마마타르트다. 마마타르트는 시부야에서 도큐센으로 한 정거장만 가면 되는 다이칸야마에 위치하고 있다. 쇼핑의 거리로 각광을 받는 곳으로 요즘은 카페가 늘어 쇼핑과 티타임을 같이 즐길 수 있는 곳이다. 거리도 자유스러운 느낌을 주고, 가게가 빼곡히 차 있는 곳이 아니라서 여유롭게 쇼핑하는 걸 좋아하는 사람에겐 시부야보다 좀 더 매력 있는 장소로 많이 알려져 있다.

다이칸야마는 타르트만 전문으로 하는 가게나 와플만 하는 가게, 팬케이크만 하는 가게 식으로 한 가지 콘셉트로 이루어진 디저트 가게들이 많다. 그중에서도 나는 밝은 색감의 앤틱 이미지에, 달지 않고 맛있는 타르트의 맛을 즐기러 마마타르트에 자주 가는 편이다. 알 수 없는 분위기의 외관과는 다르게 안으로 들어가는 순간 '캬~ 너무 좋다.'라는 말이 절로 나오는 이곳은 친구와 함께 도란도란 이야기하며 케이크를 즐기기에 최적의 장소이다.

일본에 와서야 느끼는 것이지만, 처음 한 달이나 몇 개월 동안 살기에 일본만큼 좋은 곳은 없다. 어딜 가든 친절하고 예의 바르게 대해 주니 참 따뜻하게 느껴진다. 하지만 시간이 지나면 지날수록 속내를 알기 어려운 것이 일본 사람들이다. 그러다 보니 시간이 갈수록 왠지 어색해지는 것이 일본 사람들과의 사귐이다. 나에게도 3년을 넘게 만나 온 유카리라는 일본인 친구가 있다. 그녀는 나를 만나기 전부터 한국을 오가며 한국의 '정' 문화를 높이 평가가며 한국을 사랑하는 친구지만 그 친구 역시 일본 사람이라 속마음을 알 수 없을 때가 많다. 하지만 그럴 때는 그저 친구를 믿으면 된다. 그것이 진실이 아닌 것 같아 의심하기 시작하면 더 이상 그 친구와는 마주 앉기 어려워질 테니 말이다.


일본에 유학 와서 일이 년이 지나기 시작하면서부터 일본인 친구와의 사이에 트러블이 생기기 시작했다. 하지만 서로 문화가 다를 뿐이지 그 사람이 틀린 건 아니었다. 이렇게 가끔은 속마음을 알 수 없는 일본인 친구와도 이런저런 이야기를 하며 편안함을 얻고자 할 땐 마마타르트로 향한다. 인테리어 또한 마음을 편안하게 해 주니 자연스레 이야기가 오가며 좋은 시간을 보내는 데 도움이 된다. 또한 맛있는 타르트도 만날 수 있으니 화려하게만 보

이는 유학 생활 속의 외로움을 잊게 해 준다. 친구와의 만남에서 속마음을 나
눌 때의 기쁨이 더 크다는 걸 알려준 마마타르트. 고마워~

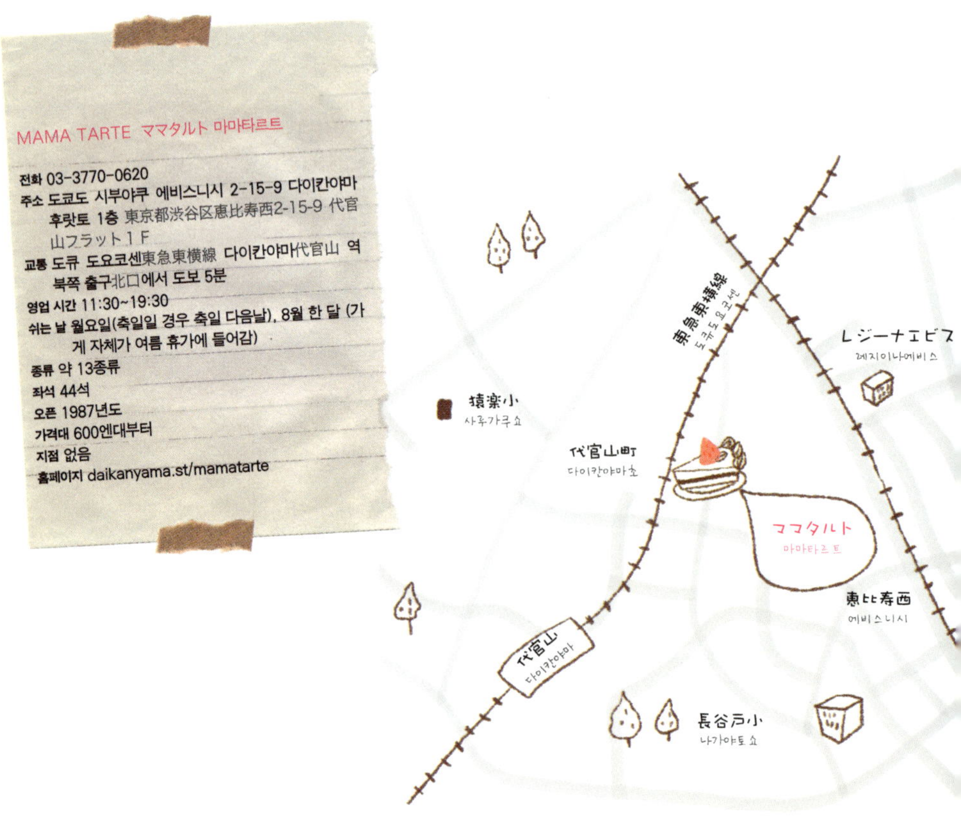

# 계란의 치카라(힘)

우리가 먹고 있는 빵이나 케이크는 여러 가지 재료의 만남에 의해 만들어지는데 그중 빼놓을 수 없는 재료가 바로 계란이다. 물론 최근에는 아토피나 알레르기가 있는 사람을 위해서 계란과 우유가 들어 있지 않은 제품도 나와 있지만 여전히 계란이 들어가 있는 제품이 대세다.

계란은 맛을 위해서 사용될 뿐만 아니라, 계란의 여러 가지 성질을 이용해서 케이크를 만든다. 계란 흰자의 성질을 이용해 만들어진 케이크 종류들을 한번 살펴 보자.

계란의 기포성 – 쉬폰 케이크, 스펀지 케이크, 머랭, 스프레

계란의 열응고성 – 구운 과자, 찐 과자, 카스타드, 푸딩

계란의 유화성 – 버터 케이크, 버터 쿠키, 아이스크림

머랭
스펀지 케이크
카스타드
푸딩
버터 케이크
버터 쿠키

추억을 만들어 주는 디저트 전문점
# 부·도·노·키

디저트 [dessert]
　서양 요리 식단에서 샐러드 다음에 나오는 감미품(甘味品)이나 과일 같은 후식.
본래는 프랑스어로 '식사를 끝마치다' 또는 '식탁 위를 치우다'의 뜻이다. 이
과정을 디저트 코스라고 하여, 영국이나 미국에서는 젤리, 푸딩, 케이크, 아
이스크림, 과일 등을 낸다.

내가 다니고 있는 일본의 케이크 회사는 많은 공장과 번화가에 가게를 몇 개씩이나 가지고 있는 작지 않은 규모의 회사다. 그런 케이크 회사의 사장님 아들이 며칠 전부터 우리 공장 작업실에 출근을 하며 기술을 배우기 시작했으니……. 사장님의 귀여운 25살 아들의 등장은 여자 직원이 거의 전부라고 할 수 있는 우리 공장에 큰 웃음을 주었다. 하지만 웃음은 웃음이고 직원들 사이에선 '주니어'라 불리는 사장 아들의 등장에 모두들 긴장한 눈치다.

출근을 해서 같이 일을 시작하면서 알게 되었지만 굉장히 불편한 동료임은 사실이었다. 젊어서 편할 줄 알았더니, 거침없는 행동과 당당하고 큰 목소리부터 역시 동료들을 긴장하게 만든다. 오늘은 주니어께서 푸딩을 너무 덜 구워서 내가 그 위에 장식을 할 수 없는 상황이 되었고, 이럴 땐 굽는 시간을 더 늘려야 한다고 직접 이야기해야 하는데, 왜 이리 떨리고 불편한지 속으로 몇 번이나 연습하고 나서야, 다음부터는 상태를 봐 가며 시간을 추가해서 구워 달라고 말을 했다. 그런데 말하면서도 나도 모르게 고개가 절로 굽신굽신 내려간다. 나보다 2살 많은 오빠에게 사장님께 이야기하듯 그렇게 불편하게, 부탁하듯이 대하게 되는 것이다. 조금은 자존심이 상했지만 그냥 살아가는 과정의 하나라고 받아들였다.

하지만 어릴수록 금방 친해진다고, 같이 포장하고, 청소하고, 밥을 먹으면서 조금은 긴장이 풀린 사이가 되었다. 하지만 그래도 주니어는 나와는 전혀 다른 세계의 사람 같았다. 일본에서 일하는 두세 달의 경험을 토대로 내년에는 프랑스 유학을 앞두고 있으며, 이곳에서 두세 달 정도 일하면서 근처에 새로운 집을 구해서 살고 있었다. 게다가 전공과는 상관없이 들어오자마자 큰 셰프, 작은 셰프 등이 일대일로 모든 기술을 가르쳐 주고 있었다. 어찌 보면 '부럽다……'. 나는 힘들게 힘들게 오븐 앞에 섰는데 주니어가 온 첫날, 나

는 그 자리를 빼았겼다. '그래 그래, 너희 아빠 월급을 받으니 내가 섭섭하다고 생각하면 안 돼지……'

그러다 궁금한 마음에 주니어에게 '혹시 너도 월급을 받아?' 하고 물으니, 웃으며 월급을 받는다고 말한다. 그 질문을 들은 다른 직원들이 내게 '그 월급이 뭐 중요하냐, 이게 다 지껀데.' 하며 웃는다. 나에게 월급은 생활인데, 주니어에게 월급은 어떤 의미일까? 깊이 생각해 봤자 나에게 좋을 것은 없다. 그래도 자전거를 타고 출근하고, 하나라도 가르쳐 주면 고맙다는 말을 몇 번이고 되풀이하고, 청소도 열심히 하는 모습에 괜찮은 친구라는 생각도 들었다. 그래도 주니어는 주니어! 나는 나!


이렇게 미래의 사장님과 같이 일하다 보니 좀 주눅이 들었는지 나도 조금은 특별해지고 싶다는 느낌이 드는 날이 많아졌다. 하지만 나에게 특별함은 역시 요리로 통한단 말이지~. 그나저나 고급 맛집을 가려면 백 번이고 더 두드려 봐야 하는 계산기에, 허리띠는 세 바퀴를 졸라매야 하는 게 내 현실이다.

그렇다고 만날 그 나물에 그 반찬만 먹고 싶진 않다고 느낄 때가 있질 않은가. 그럴 때 내가 찾아가는 곳은, 조금은 특별해지는 느낌을 주는 부도노기 니저트 집이다. 장소도 긴자에 있는 만큼 고급스러움이 묻어나는 디저트 가게로, 일본에서 처음으로 접시 위에 완성되어 나오는 디저트를 시작한 가게다. 가격이 크게 부담되지 않는 편이라 식사를 한 후 디저트에 조금 투자하기 위해 부도노키에서 케이크를 먹을 때면 나도 나름 많은 것을 누리고 있다는 만족감이 생긴다.

1층에는 포장해 갈 수 있는 케이크들이 자리를 잡고 있고, 이곳을 유명하게 만든 접시 위에 완성되어 나오는 디저트들은 가게 2층에서만 먹을 수

있게 되어 있다. 간판 상품인 사과 타르트부터 거의 모든 제품이 주문을 받고 나서 바로 만들어지기 때문에 조금 기다려야 하지만, 그 기다림을 한순간에 잊게 만들어 주는 것이 바로 오븐에서 구워진 타르트를 손님 앞에 들고와 보여 주는 불쇼~이다. 몇 초 동안 타르트를 불 속에서 구운 후 마지막으로 그 위에 아이스크림을 올려 주면 즉석에서 완성된 디저트를 먹을 수 있다. 손님 앞에서 보여 주는 불쇼와 함께 바로 만들어진 디저트─불쇼를 볼 수 있는 디저트는 4~5종류이므로 불쇼를 볼 수 있는 디저트를 먹고 싶은 사람은 메뉴판의 불쇼 마크를 잘 확인할 것.─를 먹을 수 있어 주말마다 문 앞은 긴 줄을 이루지만 자리에 앉아

디저트를 먹으며 이야기하는 순간, 그 지루했던 기다림은 금방 사라진다. 크기도 커서 배불리 만족스럽게 먹을 수 있다.

이왕 부도노키에 방문한 날이면 1층에서 바구니 속에 담겨진 동그랗고 새하얀 치즈 케이크를 사 가지고 간다. 이곳의 치즈 케이크는 크고 폭신폭신하며 굉장히 부드러워 먹을 때에 포크보다는 스푼이 어울리는데 치즈 케이크 속에 잼이나 다른 맛이 추가 되어 있지 않기 때문에 치즈 케이크 고유의 맛을 느낄 수 있다. 수분이 많은 편이라 느끼한 맛도 적다. 조각 케이크가 아니라서 친구집에 수다를 떨러 가는 날이나, 손님이 방문하는 날 조금씩 접시에 덜어서 먹으면 되니, 자주 찾게 되는 케이크다.

　　이렇게 친구와 함께 달콤한 케이크를 먹으며 도란도란 이야기를 나누다 보면 아주 사소한 일상과 짧은 시간에도 감사함을 느끼게 된다.

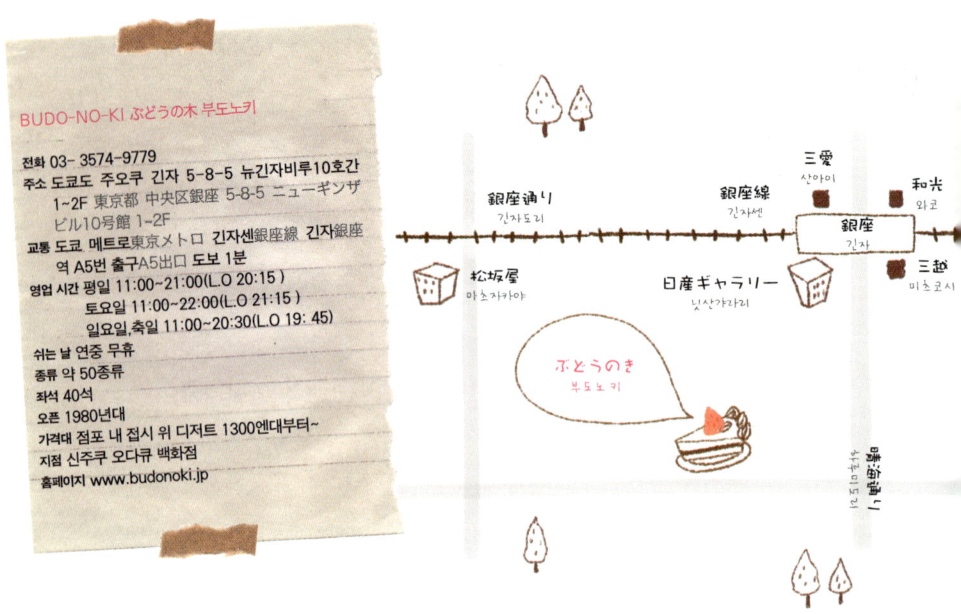

# 케이크를 좀 더 맛있게 먹으려면~

### 1. 맛있는 온도 찾기

냉동한 케이크의 경우 냉장실에 넣어 천천히 해동시킨다. 케이크의 종류에 따라 다르지만 무스 케이크 같은 경우에는 3시간 정도 냉장실에서 해동했을 때가 먹기에 적절하고, 버터크림 케이크나 파이 또는 타르트같이 버터가 많이 함유된 케이크라면 해동 후 냉장실에서 꺼낸 직후 먹는 것보다는 실온에 조금 두었다가 먹을 때가 맛의 풍미가 더욱 풍부하게 느껴진다.

### 2. 알맞는 사이즈로 자르기

지름 15cm의 케이크라면 6~8등분이 가장 적당한 사이즈이고, 18cm 케이크라면 8~10등분을 했을 때가 적당한 사이즈이다. 물론 사람에 따라 좀 더 크게 또는 좀 더 작게 자르기도 한다. 큰 케이크를 모두 함께 정을 나누며 먹을 수도 있지만 잘라서 먹으면 남은 케이크를 다음에 먹을 때 보기도 좋다.

한 번 해동한 케이크는 그날 먹는 것이 최고의 맛이
다. 시간이 지날수록 풍미가 떨어지고 입 안에
서 겉돌 수 있다. 하지만 맛있는 케이크를 조
금씩 나누어 먹고 싶은 사람이 있다면 먹을
양만 잘라서 먹고 나머지는 그대로 냉동을
시키는 것도 좋은 방법이다. 하지만 장시간
냉동실에 넣어 두면 풍미도 떨어지고 식감이 좋
지 않으니 되도록이면 빠른 시간 내에 먹는 것이 좋다. 먹는 사람의 수를
예상해서 케이크 구입 시 필요 이상으로 큰 사이즈는 사지 않도록 한다.




냉장고에 넣어 두고 먹을 경우 냉장고 속의 김치 냄새나 반찬 속 마늘
냄새가 케이크에 밸 수 있으니 냉장실에 냄새를 없애 주는 제품을 넣어
냉장고 속의 여러 가지 냄새를 줄이도록 한다. 노는 밀폐 용기 속에 케
이크를 보관해 냉장고 속의 냄새로부터 케이크를 최대한 보호하도록
한다.

# 편안한 구름 나라
# 카·페·로·타

카페 [Cafe]
가벼운 식사나 차를 마실 수 있는 식당. 프랑스어로 커피(coffee)를 카페라 하는데, 이것이 '커피를 파는 집'이라는 뜻으로 변한 것이다. 영국에서는 17~18세기 무렵 런던을 중심으로 3,000여 개의 커피숍이 생겨나 문인, 정객들이 클럽으로 이용하는 일종의 사교장 구실을 하였다. 이것이 오늘날 영국에서는 펍(pub:public house), 즉 술집(bar)으로 변모하여 대중들의 사교 장소로 각광을 받고 있다.

우리나라에서 디저트나 음식 분야의 가게를 낼 때 고려해야 할 가장 중요한 조건 중 하나가 가게의 위치나 거리라면 일본은 거리가 멀거나, 줄을 서서 기다려야 하는 건 전혀 지장이 되지 않는 조건이다. 오히려 줄을 서서 먹는 것에 설렘과 뿌듯함을 느끼고, '나 요즘 그 먹기 힘들다는 ○○에서 한참 기다려서 먹어 봤는데 맛이 이랬어 저랬어' 하는 식의 대화는 일본에서는 굉장히 흔한 대화이다. 좀 더 멀리 가서 먹는 것에 오히려 기쁨을 느끼는 이런 생활이 일본의 외식 문화를 잘 나타낸다.

나 또한 이런 문화를 잘 받아들여 이제는 불평 없이 친구와 수다를 떨며 순서를 기다리다 먹는 것에 익숙해졌다. 올해 초엔 주말에 3000명의 손님이 몰려드는 튀김 가게를 방문해 아주 오랜~ 기다림 끝에 맛을 본 기억도 있다. 일본 친구들이 내게 꼭 소개시켜 주고 싶다고 해서 갔지만 생각보다 많은 인파와 긴 줄에 일본 친구들은 기다리는 내내 내게 '괜찮아? 괜찮아?'를 몇 번이나 물으며 내 기분을 체크하곤 했는데, 나는 기다리는 내내 메뉴판의 그림과 손님들이 먹고 있는 요리를 맞춰 보며 '뭘 먹으면 좋을까' 하는 고민에 빠져 기다리는 시간이 별로 지루하지 않았다. 일본은 밥집만 긴 줄을 이루는 건 아니다. 아이스크림 가게, 크리스피 도너츠, 카페, 초콜릿집 등등. 그중에서도 주말이면 유난히 긴 줄을 이루는 날이 많은 카페로타를 소개한다.

이곳을 알게 된 계기는 직장 동료가 내게 잡지를 보여 주며 최근에 생긴 케이크 가게가 많이 실려 있으니 한번 보라고 해서였다. 잡지 속에 소개된 가게 중 가장 먼저 내 눈을 사로잡은 가게가 바로 카페로타였다. 따뜻하고 귀여운 디자인을 한 가게의 인테리어를 보고 당장 가 봐야겠다고 생각했다.

잘 알려지지 않은 장소에 있는 가게라 지도를 몇 번이나 확인하며 찾아

갔다. 오후 시간에 오너와 시간 약속을 하고 찾아갔는데 쇼케이스에 케이크도 진열되어 있다. '어? 케이크도 파네?' 카페로타는 하나하나 손으로 만든 케이크를 판매하고 있었다. 일본에 살면서는 무조건 전문 케이크집만을 선호해 카페 같은 곳은 전혀 발을 들여 놓치 않았던 나는 카페로타를 방문한 후 크게 생각이 바뀌었다.

여자라면 더 좋아할 만한 편안한 느낌의 카페로타는 힘든 직장 생활이나 학교 또는 집에서 쌓인 피로를 풀어줄 만큼 아주 편한한 느낌의 앤틱 디자인으로 꾸며져 있다. 1층은 여자 오너 특유의 섬세함이 더해졌고 2층은 일본풍으로 심플하면서도 깔끔한 느낌을 준다. 카페 밖에도 테이블이 있는데 개를 데리고 산책하는 손님들이 잠시 쉬면서 먹고 마실 수 있게끔 만든 공간이라고 한다. 이곳 아르바이트생들과 오너가 1층에서 직접 구워 만드는 케이크의 종류는 여덟 종류로, 여성들이 좋아할 만한 아담한 크기로 잘라서 판매하고 있다. 그중 요쿠바리 세트 메뉴는 언제나 두 개 중 어느 것을 먹을까를 고민하는 여성들을 위한 케이크 두 종류에 음료 하나를 포함한 세트 메뉴이다. 여자의 사소한 심리마저 꼼꼼하게 배려하는 오너의 마음을 엿볼 수 있었다.

케이크 맛은 아주 뛰어나기보다는 가정에서 만든다는 느낌……. 그런 자연스러운 느낌이 배어나는 맛이었다. 특히 레몬 케이크는 생레몬을 갈아 상큼함과 그 정성이 가득 느껴졌다. 게다가 먹기 아까울 정도로 예쁘게 담아주는 센스까지. 이곳에서 직접 만드는 음료인 '지저엘'은 생 생강을 갈아 탄산과 함께 라임을 넣고 꿀로만 단맛을 내, 감기에 걸렸을 때 마시면 딱 좋을 듯하다. 아니 굳이 감기에 걸리지 않아도 찾게 될 만큼 매력적인 맛을 가지고 있다.

카페로타를 찾은 후부터 나의 케이크집에 관한 가치관이 바뀌었다고

해야 하나? 전엔 항상 화려한 프로필을 가진 셰프가 만드는 케이크 집만을 찾아가는 데 중점을 두었었는데, 이렇게 편안한 느낌의 분위 기 속에서 음료수들이 주를 이루는 곳에서, 친구와 함께 천천히 앉 아 이야기하며 케이크를 먹어 보니 케이크집은 케이크만 먹으러 가 는 곳이 아님을 새삼 느끼게 되었다.

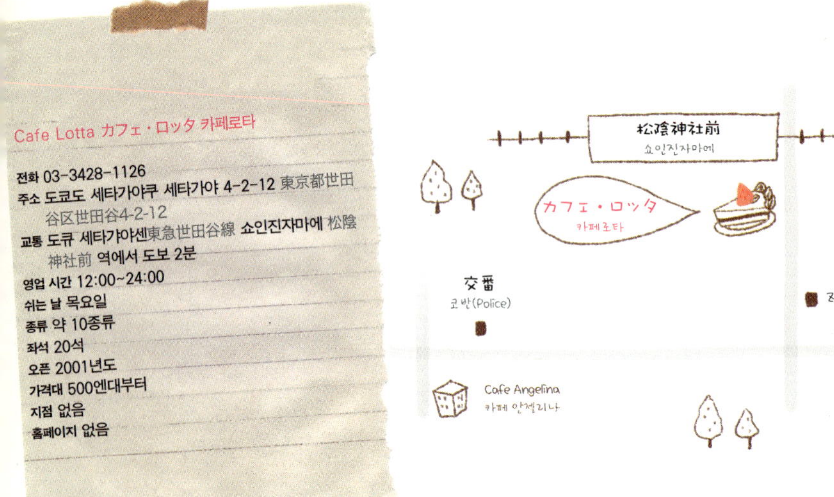


## Cafe Lotta カフェ・ロッタ 카페로타

전화 03-3428-1126

주소 도쿄도 세타가야쿠 세타가야 4-2-12 東京都世田
谷区世田谷4-2-12

교통 도큐 세타가야센東急世田谷線 쇼인진자마에 松陰
神社前 역에서 도보 2분

영업 시간 12:00~24:00

쉬는 날 목요일

종류 약 10종류

좌석 20석

오픈 2001년도

가격대 500엔대부터

지점 없음

홈페이지 없음

# 카페로타와 안젤리나

카페로타는 잡지책 표지로도 나올 만큼 하얀 나무 집에 앤틱 스타일로만 꾸며진 예쁜 카페다. 상점 거리라 이런 곳에 카페가 있을까 싶지만 몇 번와 보면 어디보다 잘 어울리는 장소에 카페가 있다는 것을 느끼게 된다. 이렇게 아기자기하고 편안한 카페로타도 오픈하고 반 년 동안은 손님이 오지 않아 가게를 닫으려고까지 했었지만 가게를 내면서 빚을 너무 많이 져서 계속 가게를 운영할 수밖에 없었다고 한다.

하지만 그런 한가한 가게를 바쁘게 만들어 준 주인공이 바로 3년 전부터 판매하기 시작한 카푸치노란다. 큰 컵에 귀여운 얼굴을 그려 놓은 카푸치노는 여기저기서 손님을 불러 주었고 그 매력은 일본의 맨 윗지역 홋카이도에서 비행기를 타고 오는 손님을 맞이할 정도로 유명해졌으니, 커피를 좋아한다면 카푸치노를 꼭~ 마셔 보자.

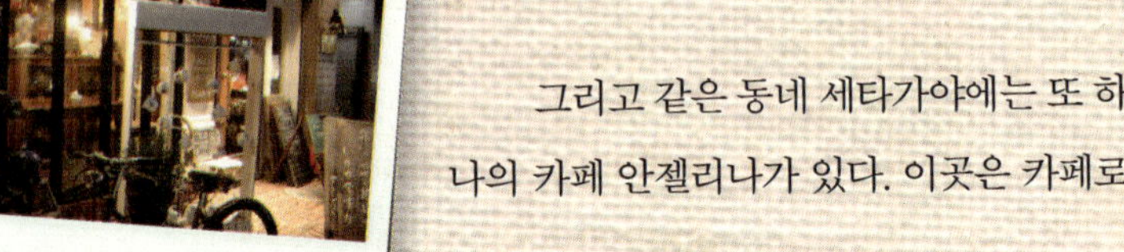

그리고 같은 동네 세타가야에는 또 하나의 카페 안젤리나가 있다. 이곳은 카페로

타 주인의 남편이 운영하는데 차분한 느
낌의 소품이 많이 있는 카페다. 안젤리나
는 부부를 만나게 해 주고 사랑에 빠지게
한 장소로 지금은 서로 같은 동네에서 각
자의 색깔을 가진 카페를 운영하며 서로에
게 조언을 해 주고 함께 아이디어를 교환하
기도 한단다.

　　카페로타와 안젤리나의 오너는 매일매일
다른 손님이 오는 것보다는 항상 볼 수 있는
동네 손님이 오길 바란다고 말한다. 세타가야
에 가게를 냈지만 멀리서 오는 손님이 끊이
지 않는 카페로타와 안젤리나를 보며 어디든

지, 어디라도 찾아가는 일본 사람들의 열정이 대단해 보였다. 저녁 12시까지
가게 문을 여니 공부하느라, 일하느라 답답한 하루를 보냈다면, 늦은 시간 이
곳에서 편안한 휴식 시간을 가져 보자.

사과로 파이를 만든다는 생각은
도대체 누가 해낸 걸까?

# 마·쓰·노·스·케·N·Y

애플파이 [apple pie]
밀가루에 버터를 섞어 반죽하여 파이 접시 위에 얇게 펴 놓고 설탕 조림한 사
과를 싸서 오븐에 구운 서양 과자

시험은 어떤 종류이든 사람을 참 떨리게 하는 것 같다. 특히 실기 시험은 술도 잘 안 마시는 나에게 수전증을 동반해 가며 분위기를 더 악화시킨다. 기술 쪽에서 일하는 사람에겐 평소에 잘하는 것도 중요하지만 여러 사람들 앞에서의 시범이나 실기 시험 같은 걸 능숙하게 해 줘야 나름 자존심이 서는데 말이다.

나는 평소에나 대회에서나 필요 이상으로 자신감이 넘쳐 항상 엄마가 우려하곤 하셨다. 동경제과학교 1학년 학생이라면 누구나 1년 중 큰 실기 시험을 두 번 치뤄야 하는데 그중 한 종목이 바로, 너무 많이 연습해 잊을 수도 없는 애플파이 시험이었다.

생지에 버터를 잘 싼 후 접고 밀고 접고 밀고를 몇 번 반복해 파이 생지를 만든 후, 버터와 설탕으로 노릇하게 볶은 사과를 파이 생지 위에 일정하게 얹은 후 그 위에 또 한 번 모양을 낸 생지를 얹고, 노른자를 표면에 발라 오븐에 굽는다. 이때 파이가 잘 부풀어지는지 노릇노릇하게 잘 구워지는지 확인해야 한다. 애플파이는 사과에서 산미와 함께 단맛이 나고 파이 생지가 배도 부르게 해 주니 시험 준비 기간 내내 질리지 않고 먹을 수 있는 좋은 간식이었다.

나의 절(대)친(한) 직장 동료인 야나기다 상은 무슨 케이크든지 맛있게 잘 먹어 내게 이곳저곳 추천해 주는 가게가 많은데 어느 가게든 다 맛있다고 하니 어떤 때는 정말 맛있을까? 하는 생각이 들 때도

Café & Sweets
MATSUNOSUKE N.Y.
Apple Pie
Apple Pie
Apple Pie

있다. 하지만 야나기다 상이 추천해 주는 케이크집은 나름 콘셉트도 있고 특징도 있으니 나에게 해가 된 적은 없다. 퇴근 후 같은 전차를 타고 집에 돌아가는데 야나기다 상이 불쑥 다이칸야마에 가면 맛있는 애플파이 가게가 있는데 언제 한번 가보라며 파이 전문점을 소개해 줬다. 내가 맘에 들어할 거라며 이름을 두세 번이나 말해 주며 말이다.

그날 저녁 집에 들어오자마자 이 책 저 책을 뒤지며 찾아 봤는데 내가 가지고 있는 책에도 그 가게가 소개되어 있었다. 그곳이 바로 마쓰노스케 N.Y였다. 그날 저녁 나는 당장 셰프에게 전화를 했고 팩스를 보내 삼일 후에 만날 것을 약속했다. 다이칸야마 역에서 그리 멀지 않은 곳에 가게가 있었다. 우리 엄마 정도 연세가 되신 듯한 오너 셰프는 심플한 티셔츠만 입고 나오셨는데도 굉장히 멋진 느낌이었다. 셰프의 시원시원하고 강해 보이는 이미지에 반해 나도 50대가 되어 이런 느낌을 가진 오너가 되고 싶다는 생각을 하게 되었다.

셰프는 미국에서 유학할 때 맛본 친구 엄마의 핸드메이드 애플파이 맛에 감동해, 그때 먹은 그 파이 스타일 그대로를 일본에 가지고 왔다고 한다. 아메리카식 파이는 단낫이 적고 사과 맛을 최대한 살려 만드는데 특히 이곳 가게의 특징은 사과가 제일 맛있는 10월부터 2월까지는 5종류의 애플파이를 중점으로 판매하고, 1년 내내 만날 수 있는 애플파이는 샤워크림 애플파이로, 샤워크림과 애플파이를 믹스하기 때문에 사과의 맛이 제품의 맛을 크게 좌우하지 않으므로 1년 내내 만들어 판매하고 있다고 한다.

물론 애플파이 말고도 초콜릿 파이와 치즈 케이크도 대표적이다. 그중에서도 나는 이곳의 뉴욕 치즈 케이크에 완전 반해 버렸다. 치즈를 워낙 좋아하기 때문에 치즈 케이크 또한 여기저기서 많이 먹어 봤지만 마쓰노스케의

치즈 케이크는 치즈의 맛도 강렬하고 단맛도 적당하다. 게다가 이곳의 치즈 케이크는 씹는 느낌, 특히 수분이 적어 묵직한 스타일의 식감이 너무 좋았다. 셰프에게 치즈 케이크에 대한 찬사를 아끼지 않았더니 필라데루 치즈만 고집한다고 귀띔해 주셨다.

아무리 생각해도 '파이도 파이지만 뉴욕 치즈 케이크는 너무 맛있단 말이야' 하며 오늘 먹은 것에 대한 감상을 되새김질하고 있는데 친구에게서 전화가 걸려 왔다. 한국에서 누나랑 매형이 왔는데 시부야에서 쇼핑하고 나서 찾아갈 만한 근처의 케이크집을 추천해 달란다. 그래서 얼른 시부야에서 한 정거장만 가면 있는 다이칸마야에 가서 애플파이와 함께 치즈 케이크를 먹어 보는 게 어떻냐고 추천했다. 옆에서 누나랑 매형도 '그래~ 저번에 다이칸야마에서 타르트를 먹어 봤으니 다른 가게도 가보고 싶었어.' 하며 좋아하신다.

마쓰노스케 N.Y는 애플파이를 아메리칸식으로 만드는 덕에 근처에 사는 미국 손님에게도 인기가 좋으며 최근엔 한국 손님도 많이 늘어 일본 사람들에게만 아니라 여러 나라의 손님들에게 사랑받고 있다. 이 맛을 본 어느 한국 손님에게서 한국에 가게를 내 보겠냐고 러브콜까지 받았다고 한다. 일본에서만 맛볼 수 있었던 이곳의 애플파이와 치즈 케이크를 어쩌면 한국에서도 만날 수 있을지 모르겠다.

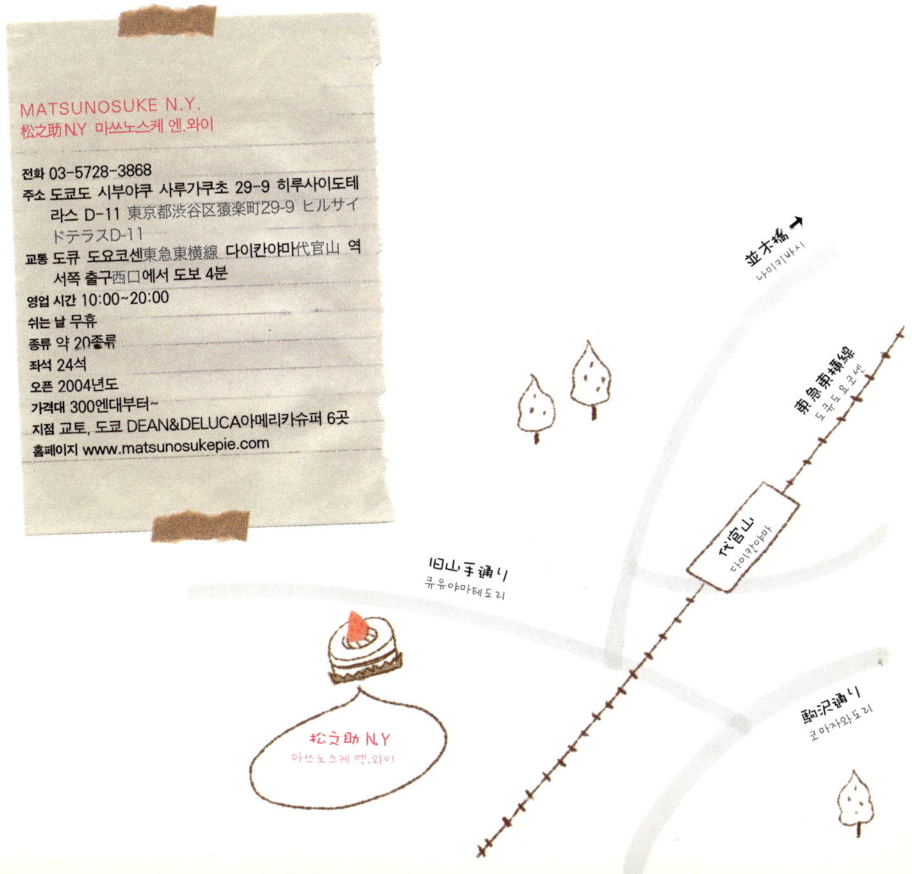

다이칸야마 역에서 그렇게 멀지 않은 곳, 큰 도로에 위치한 가게가 한눈에 띈다. 일층같이 보이지만 이층인 가게에 들어서면 큰 유리가, 심플한 느낌의 가게를 따뜻하게 한다. 이곳의 애플파이와 특히 뉴욕 치즈 케이크 맛에 심하게 반한 나는 친구들에게도 자주 소개시켜 주며 따라 갔었고, 파티쉐라는 직업을 가진 탓에 맛있는 케이크를 먹고 나면 '이 기술 참 가지고 싶다.'라는 욕심이 생겨 병이 날 지경이었다.

그런 내 마음을 아신 걸까? 셰프는 지금 가게의 레시피로 케이크 책을 만드는 촬영을 한다고 하고, 또 이곳의 파이 맛을 가정에서도 쉽게 낼 수 있으면 좋겠다는 생각으로 파이 만드는 교실 또한 직접 운영하고 있었다.

매달 다른 종류의 파이 만드는 스케줄과 오전, 오후, 저녁으로 나누어진 자유로운 시간대는 배우고 싶은 조그마한 열정만 있다면 배움을 가능하게 해 준다. 엄마가 아이와 함께 파이를 만드는 건 아이와 엄마에게 모두 좋은 추억이 되는데, 이를 아는 셰프는 파이 만드는 교실에 아이와 함께

참여도 가능하니 함께 오라고 하신다.

만든 후 포장해서 들고 갈 수도 있고 만든 후 바로 먹을 수도 있다. 파이 만드는 레시피는 영어로 작성되어 있고 수업은 일본어로 진행된다. 6명 이상 모인 곳이면 출장 교실도 가능해 동네 엄마들끼리 모여 시끌시끌 재미있는 수다와 함께 파이를 만들어 볼 수도 있다. 셰프는 영어 실력이 탄탄하니 영어 가 가능하거나 일본어 소통이 된다면 파이 교실에서 셰프에게 직접 배워 보 는 것도 좋을 것 같다.

나는 애플파이는 학교에서 배웠으니 이곳의 뉴욕 치즈 케이크를 가르 쳐 주는 스케줄이 있다면 만사를 제쳐두고 배우러 가고 싶다.

입회금 : 만 엔

1회 수업비(재료비 포함) : 4500엔

# 갓파바시도리 도구가

　　1400여 년의 역사를 가지고 있는 아사쿠사와 함께 갓파바시도리 도구가는 여행객의 발길이 끊이지 않는 도쿄의 관광 명소 중 하나이다. 우리나라에 비유한다면 인사동 같은 분위기를 느낄 수 있는 아사쿠사는 우에노에서 멀지 않은 곳에 있다. 그래서 아사쿠사와 우에노를 함께 묶어서 둘러보는 것이 좋다. 아사쿠사는 상징인 카미나리몬을 중심으로 많은 점포가 길게 붙어 있는 나카미세까지, 돌아다니면 다닐수록 눈에 띄는 먹을거리, 볼거리도 많은 서민 거리이다.

　　이번에 소개하고자 하는 갓파바시 도구가는 빙산 시장과 같은 이미지로, 내 주위에서는 빙산 시장이 낫다고 하는 친구도 있는 방면 갓파바시 도구가를 좋아하는 친구도 있다. 갓파바시 도구가에 도착하면 요리사 아저씨의 두상이 건물 위에 커다랗게 장식되어 있는데 갓파바시 도구가의 시작을 알리는 역할을 하고 있다.

맨 처음 갓파바시에 간 것은 3년 전으로, 히로시마에서 도쿄로 살림을 옮긴 지 2주도 안 된 때였다. 내가 고등학교 때 일했던 빵집의 개발 이사님이었던 조준형 박사님(박사님이라 불러 주는 걸 아주 좋아하신다.)이 도쿄에 일 때문에 오셨었는데 가난한 유학생인 나를 데리고 4일 동안 차비를 대주고 밥을 사 주시며 여기저기 데리고 다니며 구경을 시켜 주셨는데 그중에 제일 기억에 남는 곳
이 바로 이곳 갓파바시 도구가였다.
길게 늘어선 가게들은 200개가 넘지만 쉬는 가게들

도 있어 그렇게 많다고 느껴지지는 않는다. 차도를 두고 양 방향의 긴 길에 주방 도구며 케이크 재료며 제과용품을 판매하는 가게, 조리복을 파는 가게 등 주문판과 여러 가지 음식점의 사무용품부터 요리와 식당에 관련된 대부분의 것들을 구할 수 있는 가게들이 즐비하다. 모형 음식을 만드는 가게 앞에서는 역시 일본이라는 감탄이 나올 정도로 정교하고 그럴싸한 모형 음식을 구경할 수 있다.

나는 커피를 마시지 못해 크게 매력을 못 느끼지만 갓파바시의 커피용품 가게는 커피를 즉석에서 갈아 주기도 하며 커피밀 기계며 동포트며 커피에 관련된 앤틱스러운 도구들을 파는 가게들이 많다. 커피 용품을 구경하다 보면 커피도 못 마시는 나조차도 한참 들여다 보게 만드니 커피 마니아라면 분명 반할 듯하다. 언젠가 커피 애호가이신 아빠를 위해 꼭 사드려야지 하며 다짐만 하게 되는 멋진 동포트를 뒤로 하고 또 걷다 보면 조미료 가게도 많아서, 한국에 갈 때마다 항상 주문을 받는 참기름 대형 사이즈를 이곳에서 찾을 수 있다.

갓파바시에 있는 식품 재료 가게에서는 간장이나 케첩 등 대형 사이즈의 제품이 많아 욕심 나면 구입을 하면 좋겠지만 단, 그 무게를 소화할 만한 체력과 열정이 있어야 한다. 돌아다녀 보면 의외로 그릇 가게도 많은데 한동안 그릇에 빠져 그릇을 모은 경력이 있는 나로서는 아주 매력적인 장소다. 밖에 놓여 있는

싼 그릇부터 입이 떡 벌어지는 가격을 가진 그릇까지 레벨은 천차 만별이니, 이렇게
많은 가게를 구경하다 보면 살림하는 주부에게는 충동 구매를 참기 힘든 유혹의 거
리일 수밖에 없다.

　갓파바시의 빠른 영업 시간상 이곳을 먼저 둘러보고 아사쿠사를 구경하는 것
을 추천한다. 하지만 나처럼 구매를 참기 힘든 타입으로 무거운 그릇부터 갖가지 물
건을 살 위험이 있는 사람은 빠른 오전부터 아사쿠사에서 관광을 즐긴 후 갓파바시
도구가로 이동하는 것도 좋을 듯하다. 아사쿠사와 갓파바시 도구가의 거리는 불과

한 정거장으로 걸어가도 전혀 복잡하거나 찾기 힘들지 않으니, 구경하는 것에 재미를 더해 천천히 걸어가는 것도 나쁘지 않다.

3년 전만해도 그 많았던 제과 관련 가게가 얼마 전에 찾아갔을 때는 꽤 많이 줄어든 상태였다. 아무래도 인터넷으로 구입하는 사람들이 늘다 보니 일어난 현상인 것 같은데 왠지 가게가 줄어든 걸 보니 서운한 마음이 들었다. 다양한 제품이 생각보다 많을 수도 있고 생각보다 적을 수도 있는 갓파바시 도구가, 아사쿠사로 가는 길에 꼭 한번 구경해 보자.

### かっぱ橋道具街 갓파바시 도구가

교통 도쿄 메트로東京メトロ 긴자센銀座線 다와라마치 역田原町駅 3번 출구에서 도보 5분
영업 시간 9:30~17:30
쉬는 날 부정휴(일요일에는 많은 가게가 쉰다)
홈페이지 www.kappabashi.or.jp

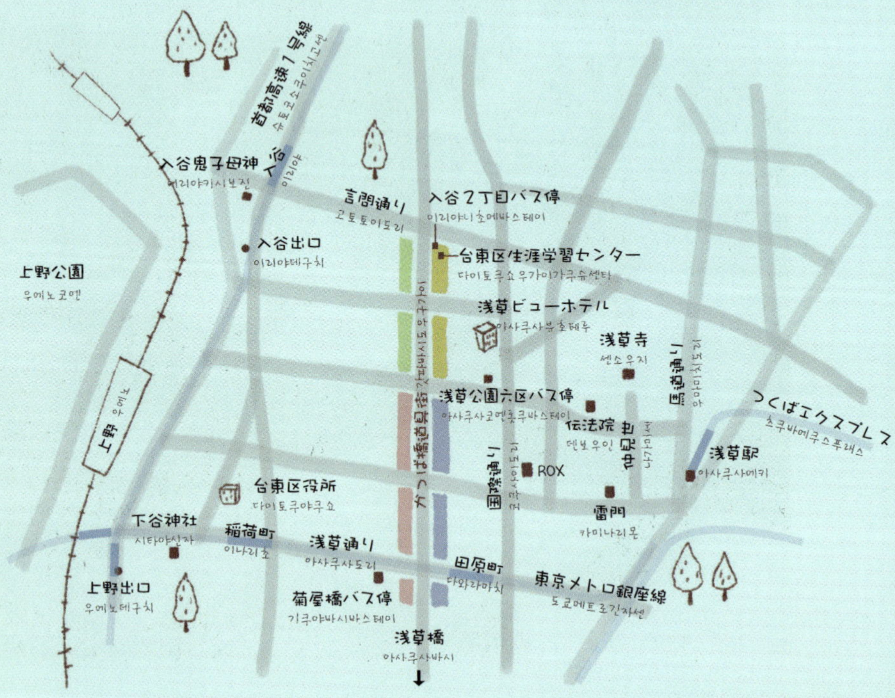

㈱高橋総本店
のれん 西村
高総洋食器店
ワレモノ

beurre 120g
jaunes d'oeufs 320g
farine de mais 80g
amidon de mais 80g
Crème chamtilly
crèmefraiche 45%
de M@du lait 800g
sucre semoule 70g
Grand Marmier 20g
Pâte à choux
eau 1500g
lait 1500g
beurre 1650g
sucre semoule 90g
sel 60g
farine baibse 1800g
Mousse chocolat fromage blanc
Fromage blanc 150g
crème raffrée 150g
Ivoire 350g
Gélatine 9g
Crème montée 400g
pâte de ciotron 15g

Sweet Cake 3

어느새 입소문을
타고 유명해졌어,
이웃과의 소근거림이 가득한 곳

Nous sommes contents et fiers de ces gâteaux cuits dans notre four,
qui est un partenaire apprécié de nos pâtissiers.

STOCKAGE
STOCK
VEGETA

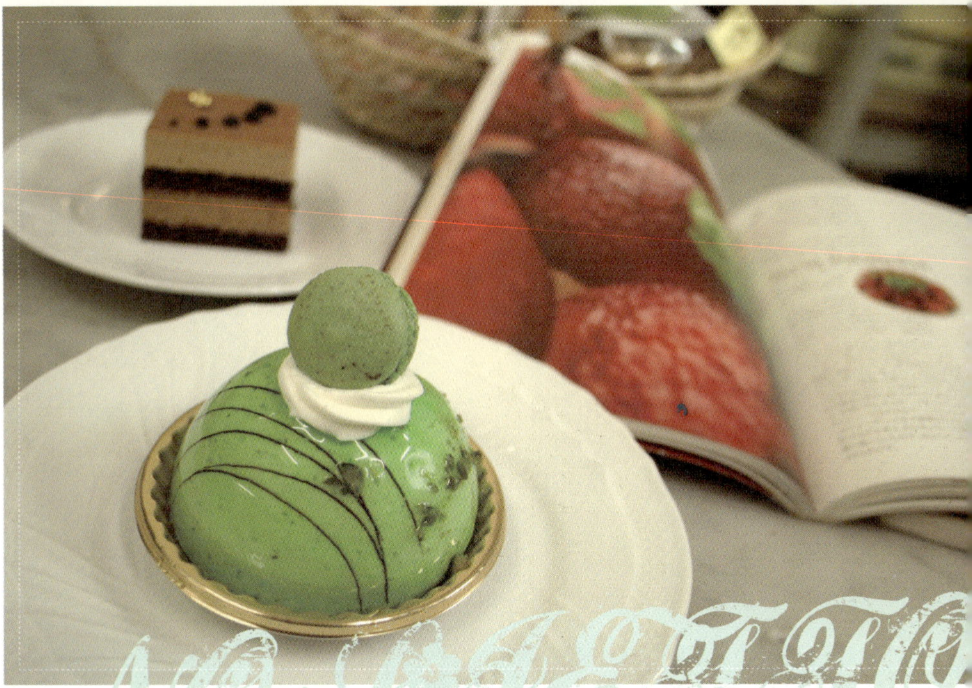

달콤한 추억을 만들어 주는 프랑스 케이크

# 노·리·에·토

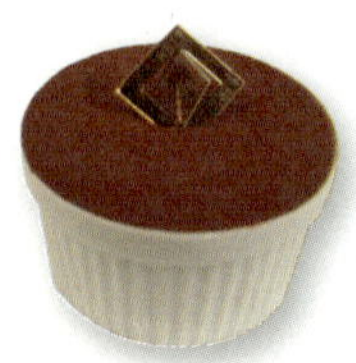

케이크 [cake]

설탕, 달걀, 밀가루(또는 녹말), 버터(또는 마가린, 식물성 유지), 우유, 크림, 생크림, 양주류, 레몬, 초콜릿, 커피, 과일, 향료, 이스트 등의 재료를 적절히 혼합하여 구운 서양 과자의 총칭.

4년 전 나는 유학생으로서는 드물게도 일본어 어학교를 히로시마에서 다녔다. 도쿄에서 일본어를 배우는 것을 포기하고 히로시마에 간 건 오로지 케이크 때문이었다. '쁘아브리에르'는 프랑스에서 케이크 기술을 쌓은 이치하라 셰프가 프랑스인 아내와 결혼 후 일본으로 돌아와 오픈한 프랑스풍 케이크집이었다. 한국에서 내게 케이크를 가르쳐 주신 선생님의 소개로, 나는 그곳에 들어가 케이크 가게의 2층에서 먹고 자고 하며 기술을 배웠다.

그때가 19살, 고등학교 3학년 때였다. 친구들은 수능 준비로 한참 바쁠 때인데 나는 일본에서 서너 시간씩 설거지를 하고, 케이크 보조 일을 하고 있었다. 하루에도 몇 번을 반복해 인간 식기 세척기 노릇을 하고 있었다. 그때 내겐 내세울 만한 기술도 없거니와 가게에서는 조금이라도 손이 부족해 보조가 필요하면 날 찾았고, 그럴 때면 나는 계란 깨기만을 해도 기뻤다. 계란을 깨는 데도 방법이 있어 아무리 작은 기술을 배워도 나는 즐겁고 재미있었다.

그때는 일본어로 원활하게 소통이 되지 않았기 때문에 사전을 항상 옆에 두고 일을 했었다. 한국의 빵집에서도 몇 개월 일을 하기도 했고, 일을 빨리 시작한 편이라 이곳에서의 생활도 충분히 '괜찮다'고 용기를 가지자고 다짐했지만, 긴 노동 시간과 언어의 장벽으로 일본 사람들 속에서 나는 혼자 외톨이 같은 느낌으로 지독하게 내 자신과 싸웠어야 했다. 하루의 반 이상을 공장에서 일하기에는 아직은 버거운 나이인지라 무리해서 일을 했더니 코피는 매일같이 쏟아졌다. 괜히 서글퍼질 때면 일이 끝나기가 무섭게 자전거를 타고 공중전화로 달려가 엄마 아빠에게 펑펑 울면서 전화를 했었다. 그렇게 펑펑 울고 엄마 아빠의 목소리를 듣고, 다시 살 것 같아지면 니쿠만(고기맛 호빵)을 사 먹으며 집으로 돌아왔다.

그렇게 외로움을 느끼면 느낄수록 먹는 것에 집착했고 결국 일본에 온

지 한 달 반 만에 13킬로그램이나 쪄 버렸다. 그칠 줄 모르는 식욕 때문에 드디어는 조리사복의 바지가 잠기지 않는 상황까지 발생하고 말았다. 들어 간 지 얼마 되지도 않아 다시 새로운 사이즈로 옷을 맞춘다는 게 그리 쉽 게 꺼낼 이야기가 아니었던 터라 나는 바지 지퍼를 연 채로 앞치마로 가리 고 일을 해야 했다. 그래서 점심 시간 에는 다들 앞치마를 벗고 식사를 하는 데, 나는 그냥 앞치마를 하고 있을 수 밖에 없었다.

이래저래 시간은 흘러 겨울이 되 었다. 케이크집의 가장 바쁜 시간은 역시 '크리스마스'다. 일년 중 가장 정 신없이 바쁜 크리스마스 준비는 보통 한 달 전부터 시작되고 2주 전부터는 케이크 제작에 들어간다. 상상을 초월 하는 그 양은 크리스마스 케이크를 팔 아 번 돈이 가게의 한 달 매상과 맞먹 을 정도다. 게다가 평상시처럼 정상적 으로 케이크 메뉴는 유지하면서 크리 스마스 케이크를 만들어야 하기 때문

에 대부분 밤샘 작업이 허다하다.

　하지만 밤샘 작업을 선호하는 한국과는 달리 일본은 새벽 2시부터 일을 시삭한다. "새벽 두 시에 출근이라고요?" 나야 공장 위층에 살고 있어서 출근길 걱정은 없다지만 그래도 새벽 두 시면 한참 자고 있을 시간이 아닌가? 그 당시 나는 평소에도 새벽 4시에 기상하기 위해서 저녁 8시 반이면 자야 하는 노약자 체력을 가지고 있었는데, 그럼 도대체 몇 시에 자야 한단 말인가……. 퇴근도 늦어졌는데 말이다. 그렇게 크리스마스 케이크 준비의 바쁜 일정들이 지나고 크리스마스 당일엔, 크리스마스 준비 기간 동안 수고한 직원들에게 회사에서 주는 작은 배려로 전원 늦은 오전 출근을 할 수 있었다.

　그렇게 크리스마스 시즌 준비가 끝나고 나니 직원들은 너나 나나 꼴이

말이 아니었다. 그날 저녁 나는 혼자서 시내에 나가 이곳저곳을 구경한 후에 그동안 고생한 나를 위해 마음에 드는 시계 하나를 선물했다. 크리스마스가 오기 전까진 시끌시끌하던 시내가 크리스마스 당일에는 오히려 조용했다. 내일이면 이 트리 장식들이 다 없어지겠지 하는 마음에 아쉬움이 생겼지만 그것이 크리스마스 케이크 준비가 끝난 것을 알려주는 것이니, 다시 후련한 마음이 들었다.

나의 젊은 날의 히로시마는 내 인생에서 빼놓을 수 없는 양념과도 같다. 프랑스 케이크를 만들며, 그 케이크를 먹으며 나는 살아 있는 열정을 느꼈다. 그래서 도쿄로 온 후에도, 히로시마가 생각나고 그리워질 때는 프랑스 케이크를 먹으러 간다. 신주쿠의 다카시마야 백화점에도 입점해 있는 노리에토는 셰프가 프랑스 문화를 일본인들에게 전하려는 마음에서 시작한 케이크 가게로 프랑스풍의 케이크와 구운 과자를 판매하고 있다.

나는 주로 신주쿠점을 찾아가곤 했었는데, 이번에 시모타카이도 역 근처의 본점을 찾아가며, 내가 갖고 있는 책에 적힌 내보 남쪽 출구로 향했지만 남쪽 출구가 없어 동쪽 출구로 나와 찾아왔다는 내 말에, 노리에토의 직원들이 우르르 나와 날 둘러싸고는 '아닌데~ 맞는데~' 하면서 출구 이야기로 한참 시끄러웠다. 가게 안 스텝들이 학교 친구들처럼 편안하게 느껴졌다. 스텝 중 한 사람과는 같은 동경제과학교 출신에 같은 선생님께 배운 적이 있어 서로 학교 이야기며 이런저런 이야기도 나눌 수 있었다. 참 오랜만에 느껴보는 따뜻함이었다.

노리에토는 프랑스풍의 케이크를 만들고 있는데 그중 초코 케이크 제품들이 인기 메뉴이다. 가게 한쪽에는 많은 와인과 함께 셰프가 펴낸 책도 같이 판매되고 있다. 케이크 모양의 디자인을 한 조각 아이스크림들도 있는데 너무 예뻐 먹기 아까울 정도로 정성이 많이 들어가 있다. 이 아이스크림과 와인은 본점에 가야만 만날 수 있다. 히로시마 생각이 날 때마다 들르는 노리에토는 나에게 지난 추억을 떠올리며 새로운 추억을 만들어 주는 달콤한 추억의 마법상자 같은 곳이다.

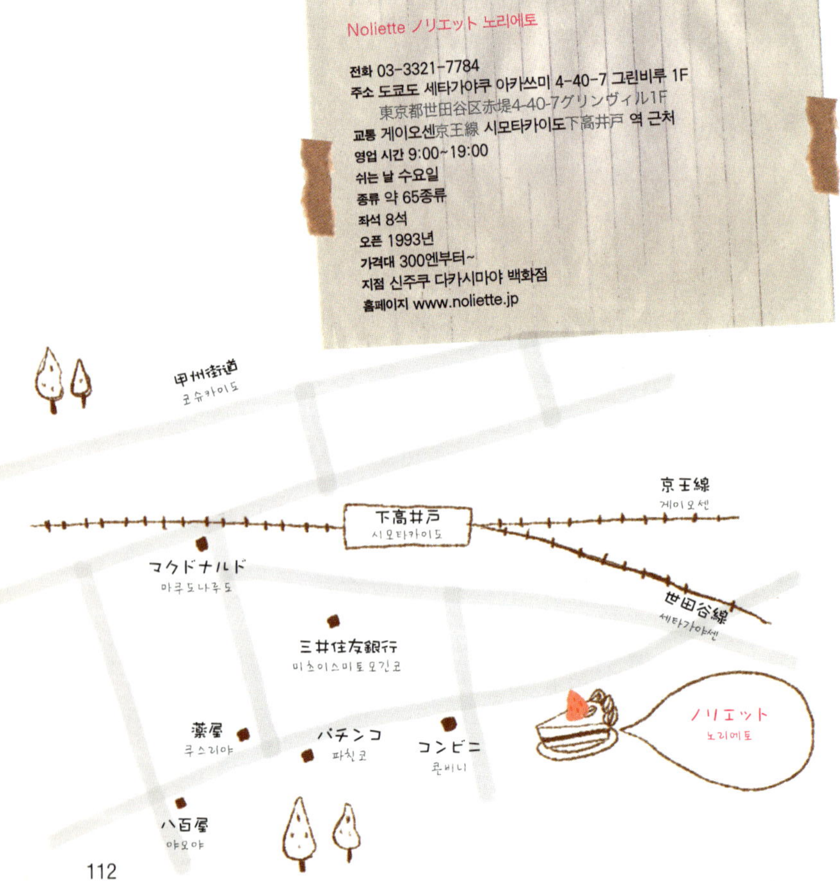

Levain
ルヴァン
天然酵母を使った
たいへん風味があるパンです。
田によって中身が異なります。
オリーブ　　　　¥300
キ　　　　大¥490
ミ　ュ　ル　小¥230
小　¥90
フィグ（イチジク）¥300
ノア（クルミ）¥300
アプリコ・ノアゼット¥300

Tarte aux abricot
タルト・オ・アプリコ
アンズのタルト
¥440
Tarte aux noix
タルト・オ

# 초콜릿을 좀 더 맛있게 먹는 방법

### 1. 좋은 초콜릿 고르기

초콜릿을 고를 땐 표면을 유심히 살피는 습관을 기르자. 표면에 지문 자국이 있나 없나 확인하며 초콜릿의 표면 전체의 광택을 살펴본다. 초콜릿 표면에 흰 얼룩이나 선으로 된 얼룩이 없는지도 눈여겨 보자.

### 2. 초콜릿에 맞는 온도 찾기

초콜릿을 제일 맛있게 먹는 온도는 15도~18도 사이로 일본의 많은 초콜릿 전문점은 실내 온도를 항상 18도로 설정하고 있는 가게가 많다. 28도부터는 초콜릿 안에 있는 카카오 버터가 녹기 시작하기 때문에 열에 약한 초콜릿은 여름같이 더울 때는 냉장고에 보관하기도 하지만 먹기 전에는 실온에 조금 두었다가 먹을 것을 권한다. 15도~18도 사이 온도의 초콜릿은 혀 위에서 가장 맛있게 녹기 때문에 되도록이면 온도에 신경을 쓰자.

### 3. 맛있게 먹기

"초콜릿은 혀 위에서 녹이며 향을 즐겨가며 먹자"라고 프랑스의 한 쇼코라티에가 말한 대로 초콜릿 한 종류 한 종류에는 생산지나 카카오 한 알부터 카카오를 로스트하는 방법, 카카오의 함량에 따라 가지는 독특한 풍미, 혀 위에서 녹는 시점 등도 각각 다르다. 천천히 혀 위에서 초콜릿을 녹이며 초콜릿 하나하나의 풍미를 느껴보는 건 어떨까? 특히 봉봉 쇼콜라는 한 입에 먹기 딱 좋은 크기로, 재료에 따라 또는 만드는 사람에 따라 여러 가지 디자인을 하고 있으니 먹기 전에 유심히 초콜릿의 디자인을 살펴보도록 하자.

### 4. 오랫동안 두지 않기

엄지 손톱보다 조금 큰 한 입 크기의 봉봉 쇼콜라는 가격이 만만치 않은 만큼 아껴 두고 먹고 싶지만 습기가 많은 곳에 오래 두면 초콜릿 표면에 곰팡이가 생기기도 하며 직사광선에 오랫동안 노출되면 녹아서 형태를 잃어 버리기도 한다. 봉봉 쇼콜라의 종류에는 입 안에서 사르르 녹는 '가나슈'라는 초콜릿 크림이 들어 있는 제품이 많은데 가나슈는 생크림이나 버터를 사용해 부드럽고 풍부한 풍미를 내는 것이니, 이 둘의 최고의 하모니를 느끼려면 비싸다고 아껴 두지 말고 빠른 시일 내에 먹는 것이 좋다.

# 깊고 진한 레아 치즈 케이크가 생각날 때

# 시·로·타·에

레아 치즈 케이크 [layer cheese cake]
생크림, 크림치즈, 초콜릿 스펀지로 만들고 블루베리로 장식한 케이크.

일본에 오기 전까지 난 항상 하루 세 끼가 모두 밥일 만큼 밥을 좋아했다. 일본에 와서도 절대 하루에 한 끼는 밥을 고집했다. 하지만 졸업 후에는 회사 환경상 점심은 항상 주재료인 밀가루로 만든 것을 먹는 탓에 금방 배가 고파지고 밥이 그리워졌다. 그래서 드디어는 내 손으로 아침에 밥을 챙겨 먹기 시작했고, 주말에만 시간을 내서 하던 요리를 매일 퇴근 후 다음날 아침 식사 만들기에 에너지를 쏟았다. 이렇게 혼자 몸 챙기기에 바쁜 내 모습에 늘 내 걱정이시던 부모님도 놀라셨다. 내 건강은 내가 지켜야지……

끼니를 쌀 식단으로 개선하고부터는 쌀을 사는 게 보통 일이 아니었다. 지금은 집에서 가까운 곳에 큰 슈퍼가 있어 쉽게 살 수 있지만 전에 살던 집에서는 큰 슈퍼도 조금 떨어져 있고, 몇백 엔 더 비싼 가격이 왜 그리 용서가 안 되던지, 한 정거장 이상 떨어진 돈키호테 – 별의별 신기한 게 많아 구경하는 재미가 많다. 도쿄에 많은 체인점을 두고 있으며 신주쿠, 시부야, 신오쿠보 등에 있다. – 에서 항상 10kg짜리 쌀을 샀다. 지금 생각해도 미련했던 그 행동의 절정은 집에서 한 정거장 떨어진 돈키호테에서 쌀을 사가지고 오는 날이었다.  버스를 타고 오면 될 것을 200엔을 아끼겠다고 한 어깨에는 쌀을 메고 한 손에는 한 보따리 장본 짐을 들고, 걸어서 집에 왔다. 쌀만 사면 될 것을 이왕 사는 거 제대로 사자는 왕창 버릇은 그날따라 심해져, 과일이며 과자며 생활용품이 무게를 더했다. 어깨에 10kg짜리 쌀을 얹고 한 손으로는 쌀을 받치고 다른 한 손에는 비닐봉지를 들고, 가방을 메고 돌아오자니 참으로 무거웠다.

게다가 걷는 도중 쌀이 계속 어깨에서 미끄러져 집으로 돌아가는 길이 더욱 힘들었다. '이제 반 가까이 왔으니 온 만큼만 더 힘내서 가면 돼.'라고 혼자 응원하며 쌀을 다시 어깨에 얹는데, 손에 힘을 너무 주었는지 손가락이 쌀 비닐을 뚫어 버렸다. – 그날따라 비닐로 포장된 쌀을 구입했다. – '이거 이거 어쩌

나.' 쌀이 샐까봐 손가락을 비닐에서 빼지도 못 하겠고 한 걸음씩 걸을 때마다 구멍은 점점 커져 쌀이 떨어지기 시작하니 눈물이 나려 했다. 택시를 타자니 지금까지 고생한 게 아깝고……. 걸어 온 길을 돌아보니 쌀이 조금씩 떨어져 내가 걸어 온 길을 따라오고 있었다. 그렇게 걸어걸어 집에 도착하자마자 바닥에 누워 버렸다. 다행히도 그날은 후드티를 입고 있었는데 모자 안에 삼일 정도 분량의 쌀이 담겨져 있었다. '후두티야 고맙다! 내 쌀들을 지켜줘서.'

그렇게 이삼백 엔 때문에 고생을 사서 했던 난데, 그 다음날은 한 조각에 700엔, 800엔 하는 케이크는 잘도 사 먹는다. 일본의 케이크 한 조각 값은 밥 한 끼 값은 기본으로 하는 곳이 많다. 나야 이상하게도 '케이크는 그럴 수 있어.'라며 잘 사 먹지만 케이크 값이 부담돼 '케이크 먹을 돈으로 차라리 옷을 산다.'라고 말하는 친구들도 많다. 그런 친구들에게 나는 저렴하면서도 맛이 좋은 시로타에를 추천한다.

시로타에는 치즈 케이크를 좋아하는 일본인이라면 누구나 알 만큼 명성이 자자한, 30년간 이곳 아카사카에서 사랑받고 있는 전통 있는 케이크 집이다. 한 건물 전체를 사용하는데 1층은 쇼케이스와 비흡연자를 위한 티살롱으로, 2층은 흡연자 손님을 위한 자리가 마련되어 있다. 그리고 3층은 공장으로, 그날 만든 케이크를 짧은 시간에 1층으로 옮겨 판매할 수 있게끔 지어졌다. 가게에 들어서면 오랜 시간의 자취를 느낄 수 있는 나무 의자들이 마음을 차분하게 가라앉혀 준다. 쇼케이스에는 동그란 접시에 케이크들이 몇 개씩 여러 종류로 나눠져 담겨 있다. 얼핏 보면 종류가 많지 않아 보이는데, 쇼케이스의 케이크들이 소량으로 담겨 있는 데는 중요한 이유가 있다.

바로 하루에 팔릴 양만을 생각해 3층 공장에서 하루 중 몇 번을 나누어 만들어 1층 쇼케이스로 이동하기 때문이다. 그래서 가게에서 주문해 먹는 케

이크는 거의 바로바로 만들어진 케이크라고 할 수 있다. 사실 이 이야기를 듣고 나는 굉장히 놀랐다. 케이크 작업은 일일이 손으로 하는 작업이기 때문에 정성과 시간이 많이 드는 일이라 시간과의 싸움인 경우가 많은데 이곳은 그 많은 케이크들을 하루에 몇 번씩 만들어 가며 일한다고 하니, 이곳 직원들의 에너지가 얼마나 대단한지 느낄 수 있었다.

하지만 무엇보다도 시로타에가 가진 가장 강력한 무기는 가격에 있다. 시로타에를 유명하게 만든 간판 케이크인 레아 치즈 케이크의 가격은 250엔에 불과하다. 그것도 최근까지 210엔에 판매하다가 조금 가격이 더 올랐지만 그래도 여전히 200엔대다. 크기가 조금은 작아 보이기도 하지만 혼자 먹기에는 적당한 크기로, 단맛과 수분이 적고 유분이 많아 굉장히 깊은 맛을 낸다. 이렇게 괜찮은 케이크가 이토록 저렴한 가격이라니 참 신기하고 감사할 따름이다.

많은 사람들이 시로타에의 매력을 느꼈을까? 이곳에서도 근처에 사는 주민부터 이사 간 손님들, 그리고 TBS 방송국이 옆에 있는 덕에 연예인들도 자주 찾아온다. 본점이 장사가 잘돼 지점을 내기도 했지만 다른 사람 손에 맡겨진 가게는 아무리 같은 레시피와 같은 재료를 써도 본점만 못하다는 것을 느껴 지점 가게를 없앴다는 시로타에는 재료부터 서비스, 그리고 맛까지 셰프가 오케이하지 않으면 안 된다는 좋은 고집을 가졌다. 저렴하고 맛있어 자주 사 먹을 수 있는 디저트의 이미지를 더하고 싶었다는 셰프의 뜻이 내 마음 속 깊이, 그리고 손님들의 마음 속 깊이 전해졌으리라 생각된다.

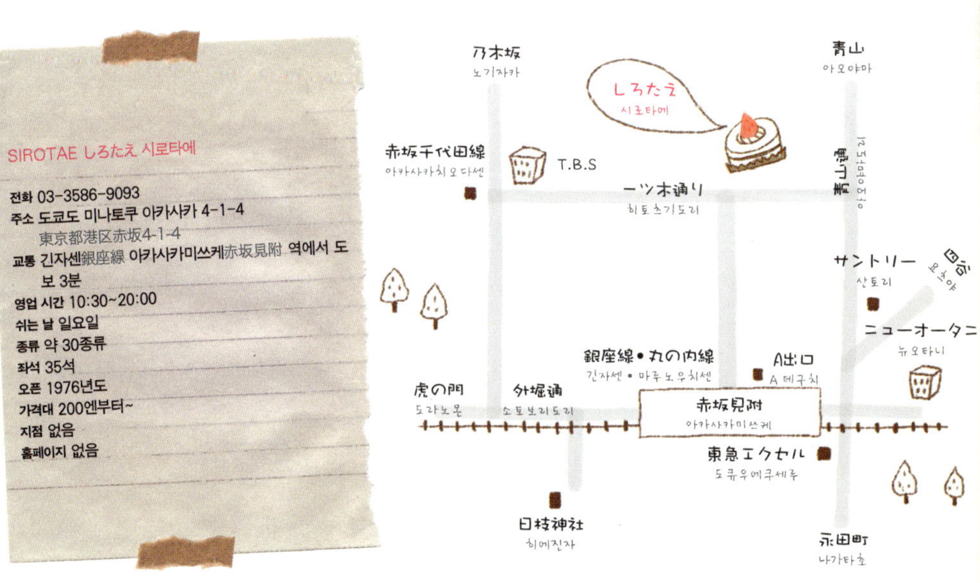

# 치즈 케이크의 종류

우리나라에서도 치즈 케이크의 인기가 많아져 찾는 손님이 점점 늘어
가고 있다. 맛있는 치즈 케이크의 종류를 한번 알아 보자.

### 1. 뉴욕 치즈 케이크

뉴욕에서 우리나라로 건너 왔지만 뉴
욕 치즈 케이크는 뉴욕에 사는 유태인들이
즐겨 만들어 먹던 케이크로, 뉴욕 사람들에
게 퍼져 뉴욕 치즈 케이크가 되었다. 일본에
서 진한 뉴욕 치즈 케이크를 맛보고 싶다면
〈마쓰노스케 N.Y〉를 추천한다.

### 2. 레아 치즈 케이크

무스 계열의 치즈 케이크로 오븐에 굽지 않고 크림치즈와 생크림을 기
본 재료로 냉동실에서 굳히는 방법으로 만들어지는 레아 치즈 케이크는 가

게마다 취향에 따라 레몬이나 체리, 블루베리 등이 첨가되어 만들어지기도 한다. 수분이 적고 진한 깊은 맛의 레아 치즈 케이크를 맛보고 싶다면 〈시로타에〉를 추천한다.

### 3. 스펀지 치즈 케이크

별립법으로 계란 흰자와 노른자를 분리해 만들기 때문에 식감이 가볍다. 치즈 케이크의 진한 맛을 원한다면 뉴욕 치즈 케이크 쪽이 입맛에 너 맞을 것 같다. 일본에서는 한 입 크기로 된 디자인이 많이 나오

며 일본에서 스펀지 치즈 케이크를 맛보고 싶다면 〈오다후지〉와 〈이소자키〉를 추천한다.

# 매일 2000개 이상의 치즈 케이크가 팔리는
# 오·다·후·지

치즈 케이크 [cheese cake]
치즈와 우유, 설탕, 거품낸 달걀 등을 섞어 만든 케이크. 맛이 부드럽고 달지 않으며
치즈, 우유 등의 유지방이 풍부해 어린이 영양 간식으로도 인기가 있다.

4년이 넘어가는 일본 생활 동안 여전히 익숙해지지 않는 것이 있다면 엄마 아빠에 대한 그리움일 것이다. 일본에 있으면 있을수록 더 보고 싶은 부모님에 대한 그런 내 마음은 힘이 들게 하기도 하고, 때론 힘이 나게 하기도 한다.

특히 아빠는 매일 같은 전화에도 항상 '어! 우리 딸~! 허허허' 하시며 큰 소리로 날 부르시며 웃어 주신다. 엄마와 아빠의 늦은 결혼으로 나는 아빠가 40을 바라보며 낳은 늦둥이 딸이라 어려서부터 참으로 귀여움을 받으며 자랐다. 건장한 몸에 남자다운 풍모의 아빠지만 내 말엔 뭐든지 '그래 우리 딸~, 아이구 잘한다 우리 딸~' 하시며 항상 내 편이 되어 주셨다. 그래도 혼날 일이 있으면 딱 부러지게 혼을 내시던 아빠, 비싼 유학비와 생활비를 아무 말 없이 보내 주시던 아빠에게 항상 죄송했다. 그럴 때마다 항상 "호진아, 적은 돈이 든 건 아니지만 지금도 열심히 살고 있지 않니~." 하시며 나에게 항상 많은 기회를 주시는 아빠.

그런 아빠와 엄마는 1년 진 부산에서 하시던 일을 그만두시고 갑자기 시골로 이사를 가셨다. 쉬운 결정은 아니었지만 올해로 60세가 된 아빠는 시골에서 벌꿀도 만들고 소도 기르시고 엄마와 함께 블루베리도 재배하시며 그렇게 시골 일을 시작하셨다. 도시에 살던 부부가 시골로 가서 생활하려니 자연에 대한 지혜가 부족해 뜻대로 되지 않을 때는 많이 힘들어 하셨다. 그럴 때마다 아빠는 나에게 전화를 하셔서 내 목소리를 듣곤 하셨다. 나중에 생활이 어느 정도 안정이 되고 나서 엄마가 "호진아, 시골 와서 아빠가 힘들 때 널 찾더라. 니 목소리 들으며 위로를 받더라."라고 말씀하시는데 그날 난 전화기에 대고 한없이 울기만 했었다.

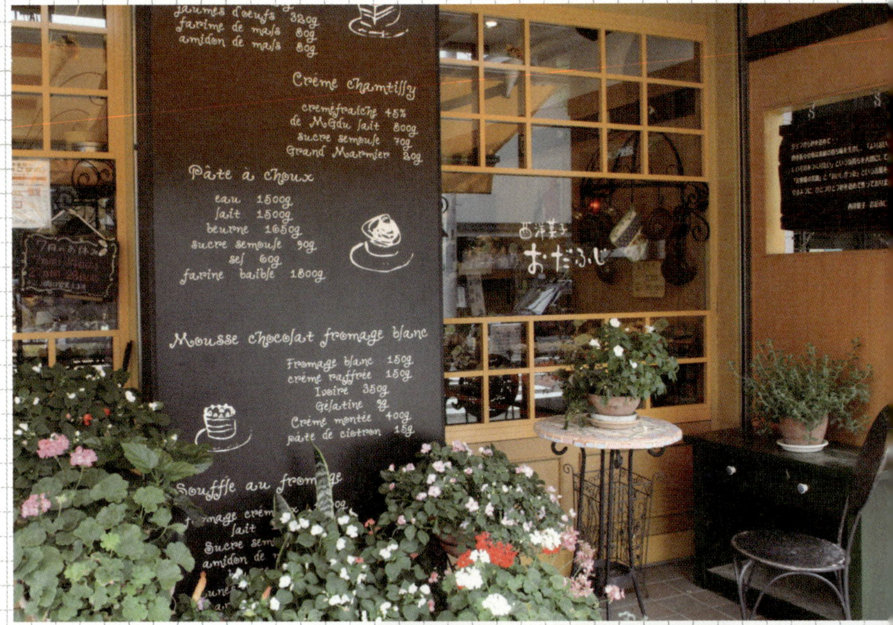
farime de maïs 80g
amidon de maïs 80g
Crème Chamtilly
crèmefraiche 45% de M.G du lait 800g
sucre semoule 70g
Grand Marnier 20g
Pâte à choux
eau 1500g
lait 1500g
beurre 1650g
sucre semoule 30g
sel 60g
farine baible 1800g
Mousse chocolat fromage blanc
Fromage blanc 150g
crème raffrée 150g
Ivoire 350g
Gélatine 3g
Crème montée 400g
pâte de citron 15g
Souffle au fromage
西洋菓子
おだふじ

西洋菓子
おだふじ

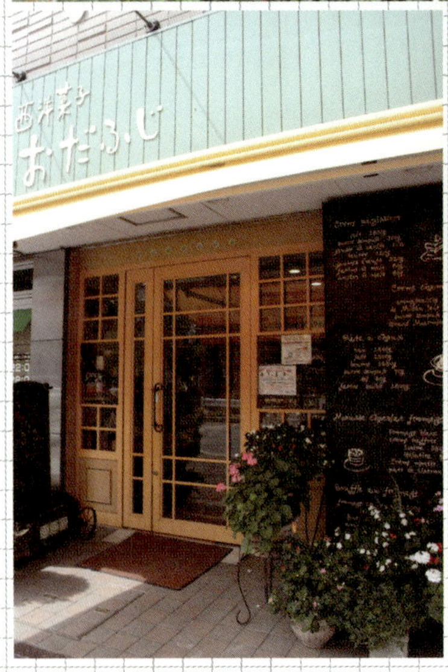

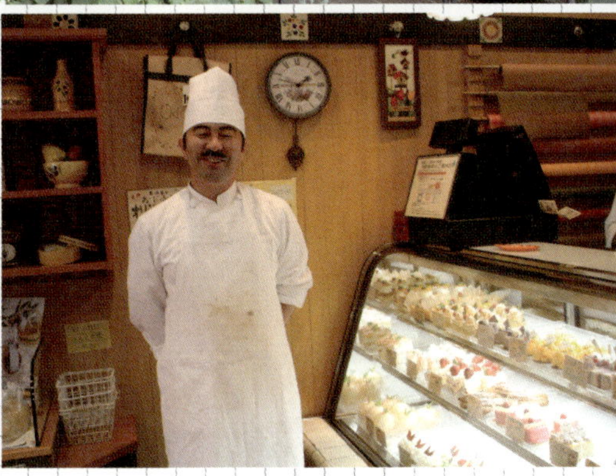

그런 아빠를 보는 것 같은 느낌을 가진 셰프가 일본에도 있었다. 이번에 책을 준비하며 그동안 가 보았던 케이크집과 최근에 자주 가는 케이크집 중에서 맛있는 곳을 고르는 작업을 끝내고 가게의 셰프들에게 책을 내려고 하는데 촬영에 협조해 줄 것을 요청하는 전화를 돌리기 시작했다. 그러나 꼼꼼한데다 서류를 좋아하는 일본 사람들인지라 전화 한 통화로 쉽게 촬영 허락을 받아내기란 쉽지가 않았다. 전화로 간단하게 이야기를 하고 책의 내용이나 계획 그리고 가게에 대해 촬영의 협조 내용을 구구절절 적은 서류를 팩스로 보내고 다시 몇 번의 전화 설득을 하고 나서야 겨우 촬영이 허락되는 가게가 태반이었다. 그렇게 설득에 설득을 거쳤어도 그들에게는 외국어로 내는 책이라 가게 콘셉트에 오해가 생길 수 있다며 끝내 촬영을 허락하지 않는 가게도 있었다. 그럴 때면 다시 또 열 통화가 넘는 설득 전화를 걸었고, 그렇게 내가 일본 사람들의 꼼꼼함에 지쳐갈 때쯤 시원시원한 목소리로 전화 한 번에 촬영을 허락받은 가게가 바로 오다후지였다.

오다후지는 내가 학교에 다닐 때 갖고 있는 디저트 가게 가이드 북에 하루에 '슈'가 300개가 넘게 팔린다고 적혀 있어서 이 집의 슈만큼은 꼭 먹어 봐야겠다고 해서 2학년 때 찾아갔던 곳이다. 아기자기하게 꾸며 놓은 가게와 느끼하지 않은 그 맛이 기억에 오랫동안 남은 곳이었다.

학교를 졸업하고 여유가 생길 때 가끔씩 찾아갔었는데 처음 갔을 때보다 일 년이 지난 지금은 더욱더 손님이 많아져 하루에 슈 400개는 거뜬히 팔리고 있었다. 오다후지 근처에 사는 주민들에게 특히 사랑받는 치즈 케이크도 유명한데, 가게 안엔 여러 종류의 치즈 케이크가 있지만 그중 엄지손가락보다 조금 더 큰 사이즈의 치즈 케이크는 하루에 2000개가 넘게 팔린다고 해서 정말

生チョコレート
¥2,100

VEGETABLE

プロヴァンス
アプリコット
Provence Apricot
630yen
Provence
Apricot

깜짝 놀랐다. 하루에 2,000개라……. '공장 안 식구들이 엄청 바쁘겠군.' ^^

어쨌든 셰프를 직접 만나 보니 생각 이상으로 더 활발하고 다정한 성격의 모습이 아빠와 비슷해 보였다. 밝은 노란색과 초록색, 그리고 꽃으로 예쁘게 꾸민 가게는 찾아오는 손님을 웃게 만드는 비법을 지녔다. 인테리어부터 포장까지 부인에게 모두 맡기고 셰프는 케이크에만 전념한다고 하는데 부인의 꼼꼼하고 센스 있는 인테리어 실력을 가게 곳곳에서 발견할 수 있었다.

오다후지의 메뉴는 크림이 듬뿍 들어간 슈(大泉クリーム)가 제일 유명하지만 나는 깔끔한 뒷맛의 코로네(コロネ)를 가장 좋아한다. 그리고 하루에 2,000개가 넘게 팔리는 케이크의 이름은 마법의 치즈 케이크(まほうの チーズ ケーキ)로 크기가 한 입에 먹기 좋은 사이즈라 한두 개 먹다 보면 한 세트는 금방 먹게 된다. 가격도 105엔이라 부담 없이 많이 살 수 있으나 3일 안에 먹어야 하며 필히 냉장 보관을 해야 한다. 가게는 손님이 끊이질 않고 입소문을 타면서 여러 백화점의 양과자 코너에서 체인점을 내자고 러브콜이 굉장히 많이 왔다고 하지만 오너셰프인 코바야시 상은 그 제안만큼은 딱 잘랐다고 한다. 케이크는 본인이 있는 가게에서 직접 손님에게 전해 주고 싶다고 한다. 여러 유통 과정을 거치면서 케이크의 손상이라든가, 여러 가게가 생겨 관리가 소홀해짐에 따른 이미지 실추를 원하지 않는다는 것이다.

돈을 더 많이 벌고 더 많이 알려지는 것보다 이 지역 사람들에게 그리고 오다후지의 케이크를 먹으러 오는 손님들에게 직접 맛으로 서비스를 하고 싶다고 말하는 셰프의 이야기에 정말이지 나도 이런 셰프가 되고 싶다는 생각을 하게 되었다. 이야기하는 내내 겸손하게 아직도 공부할 것이 많다고 말씀하시는 셰프의 모습도 케이크와 함께 잊히지 않는 기억이 되었다. 오다후

지는 이케부쿠로에서 세이부이케부쿠로센을 타고 가야 만날 수 있는데 조금
은 먼 그 길을 나는 거침없이 추천하고 싶다.

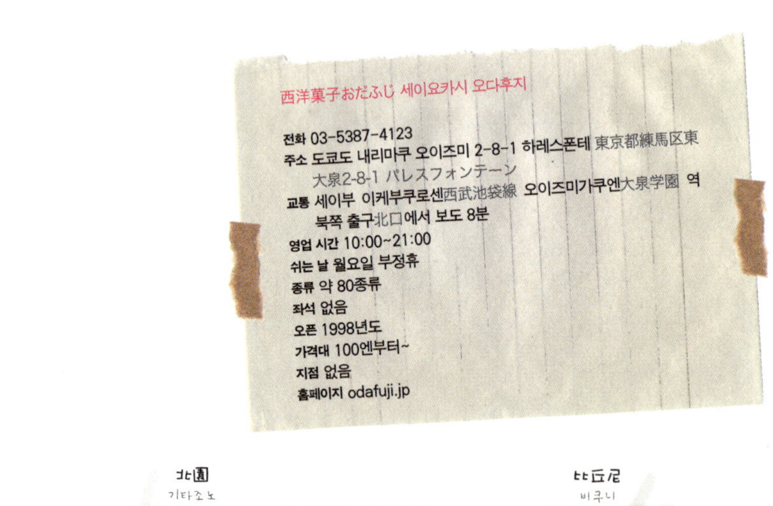



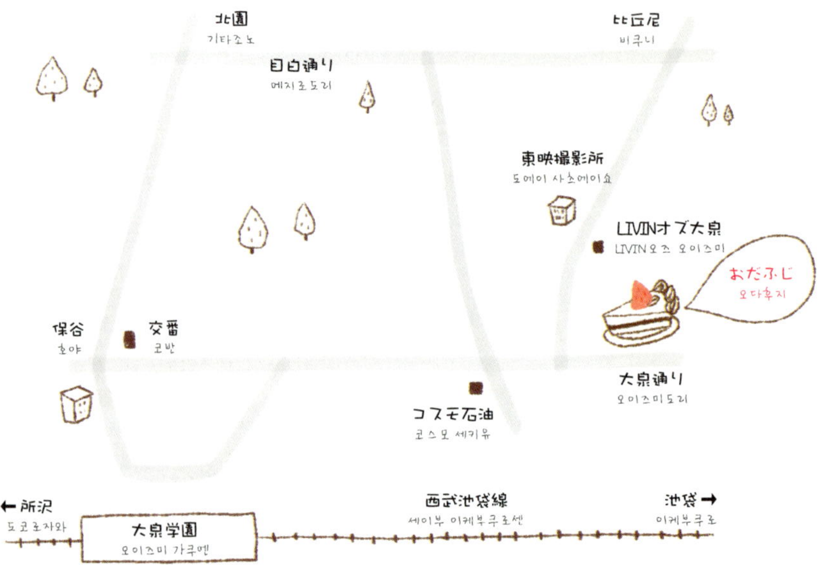

桃のバクダン
¥420
（¥400）
大泉クリーム
¥157
（¥150）

# 제과 관련 일본 사이트 소개

일본엔 정말 예쁜 초와 틀, 그리고 귀여운 갖가지 소품이 많다. 요즘은 소품을 직접 가서 사지 않고 인터넷으로도 많이 구입할 수 있다. 인터넷 사이트로 최근엔 어떤 아이템이 등장했는지 구경해 보자. 단 일본 사이트라 국제 배송은 어려울 듯하다.

## 예쁜 초와 쿠키들이 많은 곳

홈케이크 www.homecake.jp

너츠데코 www.nut2.jp

## 많은 재료가 소개되어 있고 인터넷 구입이 가능한 곳

키구야 www.cc-kikuya.co.jp

카류 www.karyo.co.jp

키친가든 www.patis.jp

와야지야 www.kk-awajiya.com

에코타 www.esutakan.com

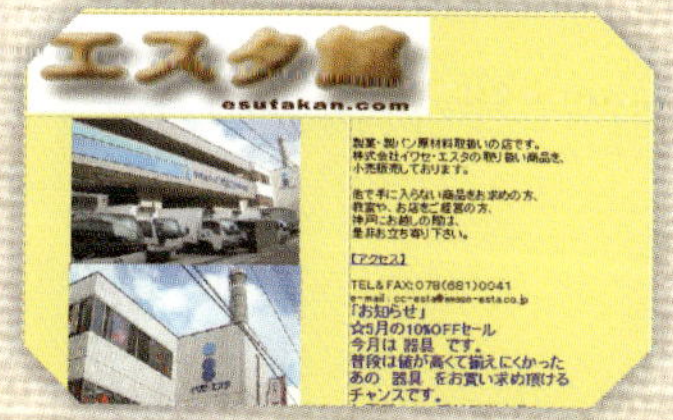

프로후즈 www.profoods.co.jp

# 정성의 손길이 느껴지는 통나무 나라
# 오·크·우·드

푸딩 [pudding]

달걀, 우유 등을 주재료로 하여 천으로 싸서 쪄서 만드는데, 따뜻한 디저트로 쓰기도 하고 냉각시켜서 차게 쓰기도 한다. 종류는 커스터드 푸딩과 커스터드 속에 카스텔라 분말을 넣은 로열 푸딩, 카스텔라와 건포도를 넣은 캐비닛 푸딩, 기타 초콜릿이나 아몬드를 넣은 초콜릿 푸딩, 아몬드 푸딩, 옥수수녹말을 넣은 콘스타치 푸딩 등이 있다.

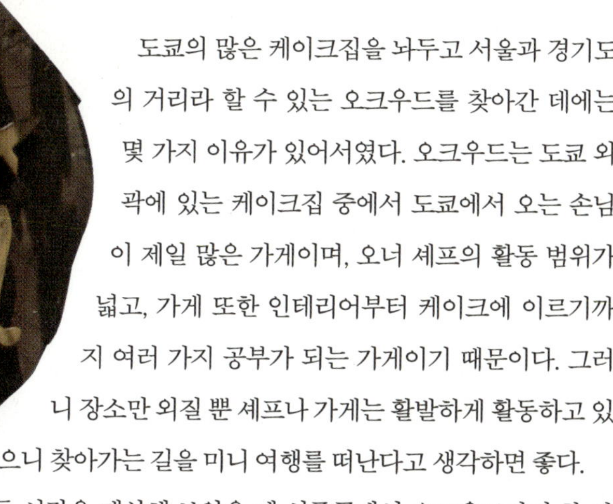

　도쿄의 많은 케이크집을 놔두고 서울과 경기도의 거리라 할 수 있는 오크우드를 찾아간 데에는 몇 가지 이유가 있어서였다. 오크우드는 도쿄 외곽에 있는 케이크집 중에서 도쿄에서 오는 손님이 제일 많은 가게이며, 오너 셰프의 활동 범위가 넓고, 가게 또한 인테리어부터 케이크에 이르기까지 여러 가지 공부가 되는 가게이기 때문이다. 그러니 장소만 외질 뿐 셰프나 가게는 활발하게 활동하고 있으니 찾아가는 길을 미니 여행를 떠난다고 생각하면 좋다.

　이동 시간을 계산해 보았을 때 신주쿠에서 오크우드까지 한 시간 반 정도 걸리니 천천히 움직이거나 조금 헤맨다면 넉넉히 두 시간은 잡아야 한다. 가스카베 역에서 내려 오크우드까지 갈 땐 걸어서 가도 되고 택시를 타도 되는데 나는 한여름 제일 더운 시간에 찾아갔기 때문에 갈 땐 택시로(기본 요금), 돌아올 땐 걸어서 왔다.

　오크우드의 셰프는 굉장히 좋은 인상을 지닌 분으로 동경제과학교 2학년 때 초빙 강사로 우리 반에 오셔서 오전 내내 여러 가지 제품을 설명해 주시고 직접 만들어 보이며 오너 셰프로서의 많은 이야기도 함께 해 주셨다. 나는 그날 세미나 제품 중 라임으로 만든 아이스크림류에 완전히 반했고 시식이라 많은 양을 먹을 수 없었던 것이 너무 아쉬웠다. 셰프의 세미나가 끝나고 일 년 전에 사 놓은 셰프가 펴낸 오크우드 레피시 책을 들고 가 책 첫장에 사인을 받았다. 책에는 오크우드 가게 레시피 외에 가게를 짓기 전 맨땅 사진부터 시작해 기둥을 하나하나 올리는 모든 과정을 사진으로 남겨 셰프가 이곳을 지을 때 얼마나 많은 정성을 쏟았는지 알 수 있었다. 제품뿐만 아니라 인

테리어에도 뛰어난 안목을 지닌 셰프의 꼼꼼하고 멋진 센스가 돋보였다.

셰프와 약속을 하고 만나기 위해 찾아간 날은 8월 중순으로 아주 더운 여름날이었다. 가게 앞은 넓은 주차장으로 가족 단위로 차를 가지고 오는 손님들을 위한 배려가 돋보였다. 입구로 들어갈 때부터 펼쳐지는 푸른 잔디는 찾아오느라 피곤했던 몸과 마음을 편안하게 해 주었다. 쌍둥이 건물의 한 건물은 케이크 가게, 한 건물은 카페로 입구부터 나뉘어져 있는데 케이크 가게에서 산 케이크를 카페에 앉아 느긋하게 먹을 수도 있다. 카페에서는 점심 메뉴 ─오전 11시부터 2시 사이에는 파스타나 빵으로 만든 런치 메뉴가 있는데 계절에 따라 바뀐다. ─와 카페 안에서만 먹을 수 있는 디저트 세트를 주문할 수도 있다. 내부는 밝은 색감의 인테리어가 조화를 이루고 벽 한쪽엔 핸드메이드 잼들이, 다른 한쪽엔 구운 과자들이, 그리고 메인 자리에는 역시 케이크와 그 위에 빵이 자리를 잡고 있었다. 가게가 넓은 편이라 여유롭게 놓여 있는 모습들이 눈 또한 편안하게 한다. 케이크 종류가 많지 않기 때문에 무엇을 먹을까 고민하지 않아도 되니 천천히 둘러보며 고르는 시간을 가질 수도 있다.

이곳의 간판 케이크는 설탕을 넣지 않고 연유만으로 단맛을 낸 일본식 케이크로 콩, 녹차, 초콜릿 스펀지의 세 가지 맛이 하나의 케이크에 녹아 있는 녹차 케이크가 유명하다. 그 외에도 푸딩이나 내가 제일 좋아하는 루바브 타르트를 추천하고 싶다. 멀리서 오는 손님들을 위한 작은 배려일까? 구운 과자 종류가 다양한데다 포장도 예쁘게 되어 있어 선물용으로 구입하기에도 좋다. 케이크 역시 비싸지 않아 이날도 나는 7종류의 케이크를 사서 먹어 볼 수 있었다.

또 하나의 건물인 카페의 입구로 들어서면 밝은 케이크 가게의 느낌과

는 달리 나무 인테리어가 차분한 느낌을 준다. 먼 곳에서 온 손님들이 많은 가게라 천천히 쉬어 갈 수 있는 공간으로 셰프가 케이크 가게를 낼 때 3년 후에 카페를 낼 계획을 세웠고 그 계획대로 3년이 지난 작년에 카페를 오픈했다. 카페 안 소품들은 알고 보면 더 재미있고 놀라울 따름이다. 설탕 통은 푸딩컵을 활용했고, 나무로 된 뚜껑은 셰프가 일일이 손으로 만든 것들이다. '카페 안 테이블이 몇 갠데, 이걸 다 손수 만들다니……', 그동안 많은 셰프를 만나 봤으나 가게에 이 정도로 정성을 들인 사람은 처음이었다. 그 외에도 가게 로고도 나무를 직접 자르고 색칠해서 이곳저곳을 장식하고 있어 찾아보는 재미도 쏠쏠하다. 가게 안 구석구석에 놓인 나무로 된 소품들이 모두 그렇게 셰프의 손을 거쳐 만들어진 마술 같은 공간이다. 굉장한 센스가 돋보이는

인테리어에 감탄하며 케이크 만드는 것 외에 이런 것에도 재능이 있다니, 정말 훔치고 싶은 부러운 달란트다.


　　오크우드의 카페는 중요한 또 한 가지의 역할을 하고 있다. 바로 셰프가 직접 운영하는 과자 교실로서, 일반인을 위한 스위트 스쿨과 프로를 위한 세미나 형식의 수업이 있다. 프로를 위한 입문 코스는 전국 각 지역에서 파티쉐들이 찾아오는데 두 교실 모두 정원이 정해져 있기 때문에(30명) 인터넷이나 전화로 예정일을 확인한 후 메일이나 팩스로 예약을 해야 한다. 방학엔 부모와 아이들이 함께하는 과자 교실도 열린다.(10팀) 한국에서 제과 관련 가게를 하고 있는 사람이라면 포장이나 인테리어 같은 것에 많은 영감을 얻을 수 있다. 도쿄에서 조금 떨어진 곳으로 바람을 쐬고 싶은 사람에게도, 케이크를 좋아해 어디라도 달려 갈 만한 열정이 있는 사람에게도 오크우드를 강력히 추천한다.

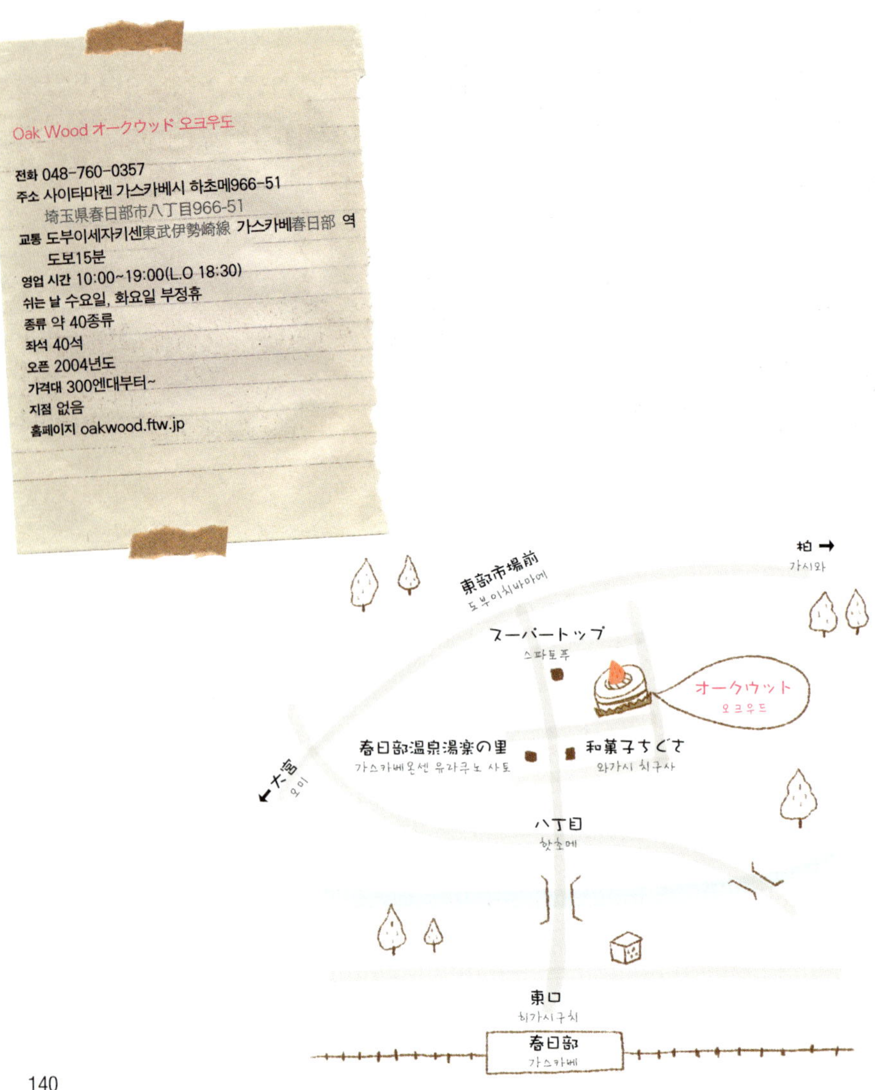

CAPPUCC
Oak
Wood
Oak
Wood
Oak
Wood
Oak
Wood

# 구운 과자를 더 맛있게 먹는 방법



### 1. 맛있는 온도 찾기

반 생과자나 구운 과자는 실온에서 먹을 때가 가
장 맛있다. 버터나 계란을 많이 사용해 만든 구운 과자의 향은 실온에서 관리
해서 먹을 때가 입 안 가득 퍼지는 맛을 한껏 느낄 수 있다. 하지만 마카롱이
나 다쿠아즈같이 크림이 샌드되어 있는 구운 과자는 냉장고에 넣어 두는 것
이 좋다.

### 2. 알맞은 사이즈로 자르기

크기가 크거나 긴 파운드 같은 구운 과자 속은 호두나 건조 과일이 가득
들어 있는 제품이 많으니 얇게 커트해서 속에 있는 재료들의 씹히는 식감과
생지의 풍미를 느끼며 먹도록 하자. 먹을 만큼만 잘라서 먹고 남은 파운드 케
이크는 표면이 쉽게 건조되니 랩으로 말아 놓는 것도 잊지 않도록 하며 공기
에 최대한 노출되지 않도록 한다.

### 3. 오랫동안 방치하지 않기

구운 과자는 케이크와는 다르게 "오늘 중으로 드시는 게 좋습니다."라
는 스티커가 붙어 있지 않은 관계로 – 일본에서 케이크를 사면 어느 가게든지 오늘

중으로 드시라는 스티커를 부착해 준다. - 날짜에
무감각해지기 쉬운데 너무 놔두어 날짜가 많이
지난 구운 과자는 버터부터 점점 노화가 시
작되기 때문에 풍미가 떨어진다. 유효
기간을 확인하며 습기가 많은 곳이나
직사 광선에 오랫동안 노출시키지 않
도록 주의한다.

### 4. 좋은 상태로 관리하기

크기가 작은 구운 과자는 가방 속
에 넣어 다니며 간식으로 먹기 쉬운데, 부
드럽기 때문에 물건에 눌려 모양이 망가지기
쉬우니 손상이 적은 곳에 넣어 두며 무거운 것을 올
려 두지 않도록 주의한다. 먹을 땐 부스러기가 떨어지기 쉬우니  엄마의  잔
소리가 무섭다면 먹고 나서 주위를 청소하도록 한다.

# 신선한 과일과 재료에 마음을 담은
# 토·롱·코·니

패션프루트 [passion fruit]
쌍떡잎식물 측막태좌목 시계꽃과의 덩굴성 여러해살이풀. 열매는 둥글거나 타원
형이며 크기는 5cm 정도이고 검은 자주색으로 익는 것과 노란색으로 익는 계통
이 있다. 속에 젤라틴 상태의 과육과 종자가 많으며 매우 좋은 향기가 난다. 종자
를 둘러싼 펄프를 날것으로 먹거나 주스로 만든다. 열대와 아열대에서 재배한다.

일본에서 케이크 가게를 찾아다닐 때 제일 중요하게 생각하는 것이 어떤 가게를 선택해서, 어떤 케이크를 먹느냐 하는 것이었다. 아무리 유명한 가게를 찾아가도 내 입에 맞지 않는 케이크만 골라서 먹었을 경우, 누구나 그 가게의 케이크 맛이 좋게 기억될 리 없다. 그래서 나는 찾아가기 전에 가게를 소개하는 여러 권의 책을 같이 비교해 보며 참고하는 편이다. 하지만 책보다 힘 있는 것은 누군가의 추천이다. 그 추천을 누가 하느냐에 따라 신용의 강도가 다른데 그게 동경제과학교의 선생님일 경우 신용은 거의 최고에 다다른다.

토롱코니는 2학년 때 윗반의 담임 선생님이 추천한 가게로, 이케부쿠로에서 두 정거장만 더 가면 있는 코마고메(駒込) 역에 있는데, 내가 갖고 있는 책들에도 소개가 되어 있어서 지도를 보며 쉽게 찾아갔다. 토롱코니는 동네 주민들을 대상으로 생각해 만든 가게였는데 맛에 대한 입소문이 나기 시작하면서 멀리에서도 찾아오는 손님들이 늘어 지금은 멀리서 차를 가지고 오는 손님을 위해 입구 옆에 주차장도 마련되어 있다

토롱코니는 초콜릿을 사용한 케이크보다도 과일을 메인으로 한 신선한 느낌의 케이크가 많은 편이다. 과일 케이크는 전부 그날 아침에 받은 싱싱한 과일들로, 그날 팔 양만을 아침에 장식해서 판매를 시작한다. 토롱코니는 여름엔 수박 쇼토 케이크에서 시작해 무화과, 망고, 메론, 체리 등 과일 가게에서나 볼 수 있는 다양한 과일을 사용해 제품을 만든다. 특히 레몬보다 비타민이 몇 십 배는 더 많은 '패션프루트'라는 이름의 과일을 사용한 '지브스토메란제' 케이크는 토롱코니의 간판 케이크로도 유명하다.

이렇게 과일 케이크가 많은지라 점심 후에 디저트로 먹기에도 좋고, 내가 사는 집에서도 가깝고 해서 집에 손님이 오는 날은 미리 케이크를 사서 냉

장고에 넣어 두곤 했다. 토롱코니는 과일로 만든 케이크만이 인기가 있는 건 아니다. 메뉴를 살펴보다 재료에 놀라 먹어 본 '히시오'라는 이름의 케이크는 카라멜 무스에 간장을 넣어 만든 무스 케이크로 안에 콩이 들어가 있다. 어떤 맛이라고 머리에 금방 떠오르지 않는 재료들로 만들었지만 단맛을 줄이고 간장의 짠맛과 콩의 단맛을 더해 어른들이 선호할 만한 특징을 가진 케이크로 먹는 재미를 더해 준다.

하루는 오후 출근을 하게 되었는데 집에서 밥을 먹고 나니 케이크가 너무 먹고 싶어 토롱코니에 들러 케이크를 먹고 출근을 하기로 했다. 그런데 느리적느리적 준비를 하다 보니 케이크를 먹을 시간이 빠듯하게 되었다. 단 한 번도 지각을 하지 않았던 나는 혹시 지각이라도 할까 봐 걱정도 되었지만 기어코 토롱코니에서 케이크를 급하게 먹고 출근을 했다. 학교를 이렇게 목숨 걸고 다녔으면 특 장학생이 되었을 텐데…….

토롱코니에서 그렇게 급하게 전쟁을 치르듯 케이크를 먹고 나니 배가 두둑해져 슬슬 잠이 쏟아졌다. 지하철에서 짧은 잠을 자고 역에 내려 출근은 했는데, 어라~ 가슴 가운데가 콕콕 쑤셨다. 급하게 먹느라 체한 것이다. 워낙 자주 체하는 체질이라 무시하기로 했지만 이번에는 제대로 체했는지 상태가 더 안 좋아졌다. 체한 데에는 매실주가 특효약인데 그 매실주가 재료 칸에 있는 것을 알고 있기에, 컵에 얼음을 넣고 매실주를 한 컵 가득 따라 마셨다. 그날 나는 출근한 지 한 시간도 안 돼 낮술을 한 격이었다. 13도나 되는 알코올 한 컵을 단숨에 들이켜니 이번에는 정신이 오락가락 어질어질했다. 이거 어찌 좀 불안한데……. 이제 오후 작업이 시작되었는데…….

언제나 고개를 빳빳이 들고 일하던 내가 그날은 고개를 떨구고 술이 깰 때까지 조용히 일만했다. 입에서 알코올 냄새를 풍길까 봐 말도 아꼈다. 다른 직원들이 쟤가 왜 저럴까 하는 눈으로 의아해 하기는 했지만 다행히 그날 하루는 조용히 지나갔다. 다음부턴 여유 있게 집에서 나와 도롱코니의 케이크를 천천히 음미하며 먹어야지……

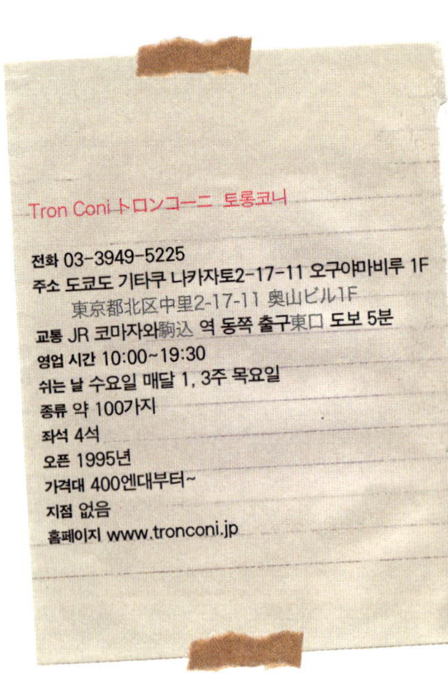


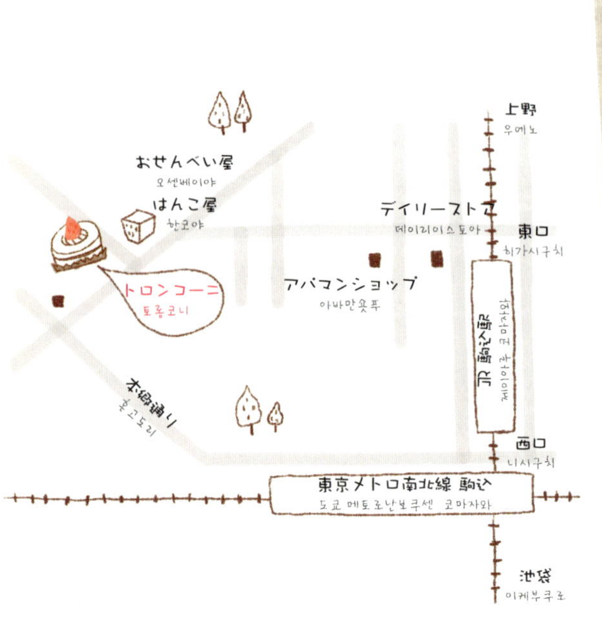

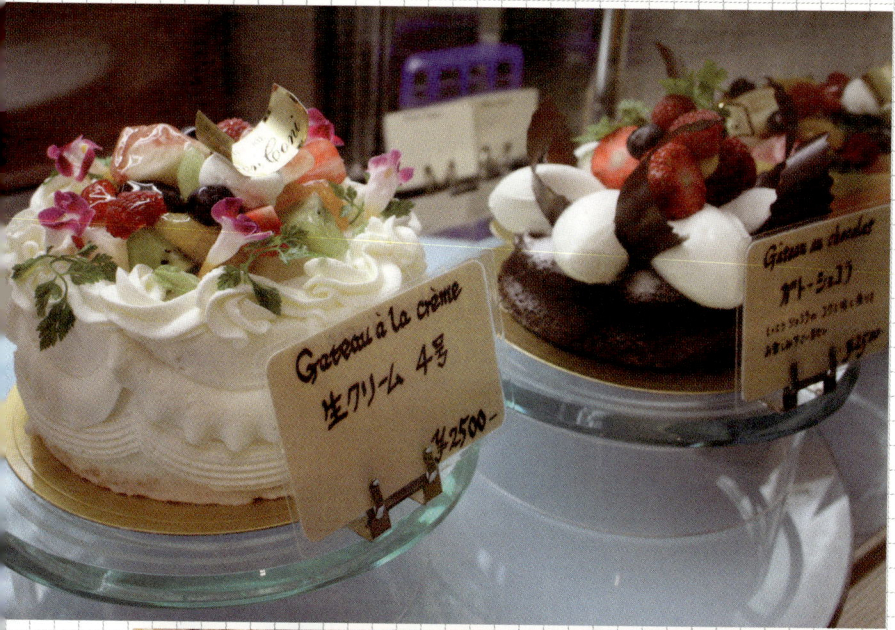
Gateau à la crème
生クリーム 4号
¥2500-
ガトーショコラ

季節のタルト
Griotto
グリオット
¥450

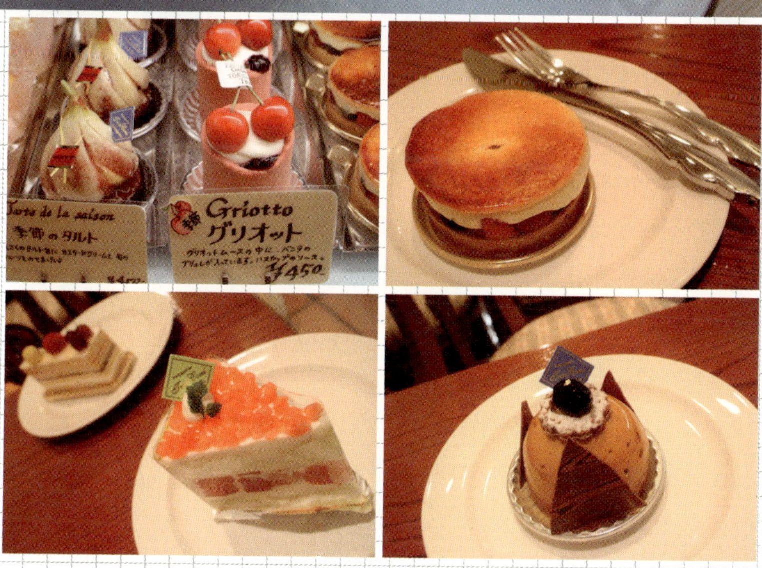

# 동경제과학교 소개

동경제과학교는 1953년에 개교한 제과 전문 학교로 양과자, 화과자 그리고 빵, 세 가지 과로 나누어져 있으며 양과자와 화과자는 2년 과정, 그리고 빵은 1년 과정이다. 수업은 80% 이상이 실습으로 이루어져 있으며 주 5일 수업으로 아침 8시 30분부터 시작해 오후 4시 30분에 수업이 끝난다. 한국 유학생들이 늘어 한국에 사무소가 있기 때문에 상담 또한 가능하다.

동경제과학교에 들어가려면 일본에서 일본어 어학교를 나오거나 일본어 자격증 2급 이상을 가지고 있어야 하는데 어학교를 거치지 않고 동경제과학교에 입학하는 사람은 매우 드물며 입학해도 일본어 소통에 어려움을 느껴 일본어가 익숙해질 때쯤이면 졸업하게 되는 엄청난 손해를 겪을 수도 있다. 양과자 과정은 2년 동안 기초부터 시작해 초콜릿과 설탕 공예까지 배우며 많은 사람을 만나고 배울 수 있는 기회가 주어진다.

한국에서 동경제과학교의 학벌을 따기 위해 오는 학생들도 많은데 학벌을 따서 한국에 돌아갔을 때 현장 경험이 많지 않을 경우 일반 제과인과 크게 차이가 없는 낮은 월급에 관련 일을 포기하고 그만두는 졸업생들 또한 많다. 따라서 많은 학비와 생활비를 미리 계산하고 한국에서의 현실을 잘 조사한 후 유학을 결정하는 것도 늦지 않을 뿐더러 그래야 후회 없는 유학을 할 수 있다. 현재 많은 졸업생들이 한국에서 실력을 발휘하고 있지만 그렇지 않은 케이스도 매우 많다. 중요한 것은 자신에게 맞는 결정과 선택이다.

나는 졸업을 한 사람으로서 좋은 이야기만 해 주고 싶지만 현실을 잘 모르고 일본까지 와서 후회하기에는 너무 많은 돈과 오랜 시간을 들이는 것이라 생각되므로 나만큼은 냉정한 판단을 하는 데 도움을 주고 싶다. 나는 시야를 넓히는 것을 목적으로 일본 유학을 결심했는데 기술이나 성공은 모르겠지만 학교는 나에게 케이크를 분석하며 볼 수 있는 눈을 가질 수 있도록 도와주었고 많은 종류의 케이크를 직접 만들어 볼 수 있는 기회를 주었기 때문에 내가 유학 온 목적은 이룬 셈이다.

그러니 어떤 공부를 위해 유학을 결심했을 때는 유학 시절과 유학 후의 진로를 잘 생각하고 결정했으면 한다.


매년 10월에 입학 원서를 받고 있으며 화과자와 양과자는 2009년 입학 기준으로 2년간의 학비로만 약 420만 엔이, 1년 과정인 빵과는 약 240만 엔이 든다. 매년 학비가 조금씩 바뀌긴 하지만 큰 차이는 없으나, 유학생인 경우엔 환율에 따라 큰 차이를 보인다.

※ 동경제과학교 東京製菓学校
주소 도쿄도 신주쿠쿠 타카다노바바1-14-1 東京都新宿区高田馬場1-14-1
교통 JR 야마노테센JR 山手線 · 세이부 신주쿠센西武新宿線  타카다노바바 高田馬場
　　역에서 도보 7분
TEL 03-3200-7171
FAX 03-3200-2627
홈페이지 www.tokyoseika.ac.jp
한국 사무소 담당 박현희 CP: 011-9493-7174

# 스위츠 포레스트

일본에서 지유가오카는 케이크의 천국으로도 통하는 만큼 곳곳에 전통이 묻어나는 케이크집들부터 최근에 생긴 케이크집 그리고 유명한 셰프들로 주목받는 케이크 가게들로 이루어져 있다. 그런 지유가오카와 잘 어울리는 건물이 하나 있는데 바로 스위츠 포레스트다. 스위츠 포레스트는 여러 케이크 가게들이 한 곳에 모여 있는, 한마디로 케이크 테마파크인 셈이다. 지유가오카의 남쪽 출구로 나와 쭉 걸어가다 보면 점점 한산해지는 거리가 나와 '여기에 스위츠 포레스트가 있단 말인가?' 싶지만 지유가오카 정면 출구의 부산함과는 달리 스위츠 포레스트 건물이 있는 장소는 조금 조용하다.

스위트 포레스트의 건물은 4층으로 이루어져 있다. 1층엔 믹서기부터 시작해 쿠기 틀, 케이크 판 등등 케이크를 만들 때 쓰는 여러 가지 도구들과 각종 재료들을 판매한다. 일본에서도 점점 구하기 힘들어지고 있는 각종 버터 종류부터 조그마한 초콜릿 유리 방에 알맞은 온도에 정리되어 있는 수많은 종류의 초콜릿 판도 만날 수 있다. 한 곳에는 제과 제빵에 관련된 책들도 있으니 누군가를 위해서 또는 갑자기 케이크를 만들 일이 생기면 이곳 1층에 들러 도구부터 재료까지 모든 것을 한 번에 준비할 수 있다. 단, 가격대가 높은 편이라서 급하지 않거나 꼭 필요한 물건이 아니라면 좀 더 생각을 해 봐야 한다.

본격적으로 시작되는 2층의 케이

크 테마파크는 나무로 장식되어 있으며 스위츠 포레스트라고 적혀 있는 입구에는 많은 사람들이 기념사진을 찍는 모습을 볼 수 있다. 내부는 핑크 나무, 오렌지 나무 등 굉장히 밝은 톤의 화려한 인테리어로 장식되어 있고, 많은 자리가 있음에도 불구하고 주말에는 거의 앉을 자리를 찾기 힘들 정도로 많은 인기를 누린다. 스위츠 포레스트에는 따뜻한 디저트 스프레부터 시작해, 차가운 재료들을 선택하면 즉석에서 믹스해 주는 아이스크림 케이크까지 다양한 종류의 케이크와 계절 상품 케이크, 그리고 한정 상품들로 넘쳐나 언제 가도 새로운 아이템으로 가득한 곳이다. 8가지의 각각의 색깔을 가진 8개의 케이크 가게를 천천히 둘러보며 먹고 싶은 케이크가 있으면 주문해서 테마파크 속 테이블에서 먹으면 된다. 계절 케이크나 이벤트, 그리고 케이크 종류와 가격은 홈페이지에 자세하게 소개되어 있어 홈페이지에서 조금 구경하고 가는 것도 좋을 듯하다.

3층에는 피라티노라는 가게가 있다.(www.platino.jp) 2층의 많은 케이크집과 화려하고 시끌시끌한 분위기와는 달리 차분하고 조용한 가게로 디저트와 런치를 만날 수 있다. 2층의 케이크 가게 분위기가 맘에 들지 않는다면 3층의 피라티노에서 여유로운 시간을 보내는 것도 좋다. 4층에는 ORIGINES CACAO라는 초콜릿 전문 가게가 있다. 카카오 가게의 오너 셰프는 쇼콜라티에로 일본에 처음 생긴 초콜릿 전문점 와코초콜릿 숍의 오픈 셰프로 17년간 와와코초콜릿 숍을 지키다 2003년 오리지날 카카오라는 초콜릿 전문 가게를 지유가오카에 오픈했다. 홈페이지에는 가와구치 셰프를 일본의 초콜릿 선두자라고 소개하고 있고, 내가 가지고 있는 도쿄의 초콜릿 가게 모음 책에는 그를 일본의 쇼콜라티에로선 일인자라고 소개하고 있을 만큼 실력파로 인정받고 있다.

카카오 숍 안엔 봉봉 쇼콜라부터 시작해 초콜릿 케이크, 초콜릿 푸딩 등등 초콜릿과 함께 초콜릿 케이크들이 가득하다. 초콜릿에 관심이 있거나, 초콜릿에 관심이 없더라도 스위츠 포레스트에서만 만날 수 있는 일본의 쇼콜라티에 일인자 가와구치 셰프의 케이크는 충분히 먹어볼 만한 가치가 있다. 400엔부터 시작되는 부담 없는 가격대와 심플한 디자인이 돋보이는 케이크들은 재료부터 엄선해서 만드는 제품들로 이루어져 있다. 쉬는 날이 부정휴이니 잘 알아 보고 가면 좋겠다. 처음 카카오 가게를 찾아 갔을 때는 쉬는 날이어서 돌아가는 발걸음이 무거웠던 기억이 있다 (TEL: 03-5731-5071) 이렇게 1층부터 4층까지 꼼꼼하게 스위츠 포레스트에서 시간을 보내다 보면 몇 시간은 훌쩍 지날 수 있으니 달콤함의 굶주림을 스위츠 포레스트 케이크 테마파크에서 채워 보는 건 어떨까?

**Sweets-Forest 스위츠 포레스트**

**주소** 도쿄도 메구로쿠 지유가오카 2-25-7 라쿠루 지유가오카 1~3층 東京都目黒区緑が丘2-25-7 ラ・クール自由が丘1~3階
**TEL** 03-5731-6600
**교통** 도큐도요코센東急東横線 지유가오카自由が丘 역 남쪽 출구南口 도보 5분
**영업 시간** 10:00~20:00
**쉬는 날** 건물은 연중 무휴이지만 테마파크의 여러 가게들은 월요일에 쉬는 곳이 많다.
**홈페이지** www.sweets-forest.com

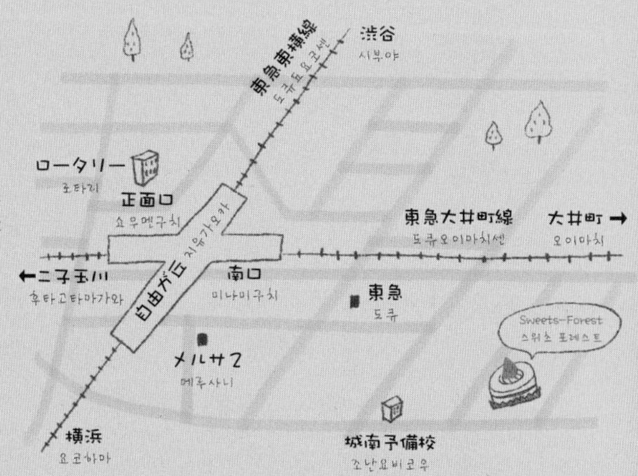

エクセランス
Excellence
チョコレートムースにクレームブリュレを合わせた
贅沢な一品です
¥3800（税込価格）

Sweet Cake 4
케이크를 좋아한다면
이들처럼,
일류 파티쉐를 만날 수 있는 곳
Nous sommes contents et fiers de ces gâteaux cuits dans notre four
qui est un partenaire apprécié de nos pâtissiers.

# 언제나 힘과 에너지가 되어 주는 곳
# 데·오·브·로·마

초콜릿 [chocolate]

카카오 반죽에 밀크, 버터, 설탕, 향료 등을 첨가하여 굳힌 과자. 초콜릿은 과자 중에서도 영양가가 높고, 지방분을 다량 함유하고 있어 100g당 550kcal의 열량을 낸다. 이것을 알기 쉽게 비유하면 초콜릿 40g은 쌀밥 1공기 반과 같은 열량을 낸다고 볼 수 있다.

한국에서 내게 케이크를 가르쳐 주신 선생님 중 한 분이신 연산제과학원의 원장 선생님이 동경제과학교에 학생들을 데리고 연수를 오셨다. 선생님이 일본에 오신 줄 몰랐던 나는 점심 시간에 자판기에 음료수를 뽑으러 갔다가 선생님을 뵙고는 놀랍고 반가워 "선생님~~~" 하고 소리를 지르며 달려갔다. - 평소에도 소리를 잘 지른다. - 일본에서 선생님을 보게 될 줄이야. 이런저런 안부도 묻고 이야기도 하고 2~3년 만의 만남이라 이야기가 길어졌다. 선생님이 저녁 식사에 초대해 주셔서 그 자리에 끼여 와자지껄 학생들과 함께 저녁을 먹었다. 야키소바(철판면 볶음)를 한껏 들고와 먹는 내게 선생님은 "일본 사람 다 됐네. 그 느끼한 걸 그리 잘 먹는 걸 보니." 하며 즐거워하신다.

선생님께서는 모레 돌아가는 일정인데 내일 도쿄에서 조금 떨어진 곳에 있는 유명한 케이크집을 돌아보신단다. 학생들을 데리고 이동하니 관광버스까지 대절해서 4군데 정도 가신다면서, 내게도 학교에서보다 더 공부가 될 수 있으니 함께 가겠냐고 물어보셨다. 유명한 케이크집에 간다는 얘기에 생각할 것도 없이 오케이.


다음날 나는 부모님의 학비를 배신한 채 선생님과 함께 관광버스를 타고 편하게 이곳저곳 케이크집 관광으로 하루를 보냈다. 학생들과 함께 이곳저곳 케이크 가게를 둘러보는데 한 가지 아쉬운 게 있었다. 버스에서 내린 20명 가까이 되는 학생들이 케이크집을 구경하러 들어가서는 그냥 보기만 한다. '아~ 이거 예쁘다', '저거 맛있겠다', '이건 어떻게 만든 걸까?' 하며 보기는 보는데 맛을 보려고 하는 사람이 없다. 물론 가격이 부담스러울 수도 있지만 케이크를 위한 여행이 아닌가…… 일본의 케이크 문화를 경험해 보러 왔는데 케이크를 먹어 보지 않는 모습에 나는 조금 안타까웠다. 음식은 맛보지

않으면 보지 않은 것과 같다는데, 염치 불구하고 나만 이것저것 궁금한 맛을
한 디자인의 케이크를 몇 개 사서 관광버스 안에서 먹어 보았다.

　　어느 케이크집을 가도 나는 최소 3~4개 이상은 사서 맛을 본다. 그 집
에 언제 다시 가게 될지 모른다는 생각과 이것저것 먹어 보고 싶은 내 호기
심을 존중하기 때문이다. 가끔 테이블이 없는 케이크집이 있는데 그런 곳에
갔을 경우엔 포장을 해서 집에 와서 먹는다. 하지만 사온 케이크를 하루 이
상 냉장고에 넣어 두지는 않는다. 샤워할 시간 그 잠깐만 넣어 두고 바로 먹
는 것을 철칙으로 한다. 그 이유는 케이크에 냉장고의 음식 냄새가 스며들
어 케이크를 맛있게 먹는 데 방해받고 싶지 않은 내 고집 때문이기도 하다.
케이크 맛을 보며 내가 생각한 맛과는 전혀 다름에 놀라고 재료 궁합이나
디자인 센스를 보며 '아~ 이렇게 해야 손님들이 사겠구나.' 하고 감동하면
서 공부를 한다.

　　그날은 생초콜릿 공장도 방문했다. 초콜릿을 많이 드셔서일까? 윗니 4개
가 썩어 없어진 젊은 공장장님의 함박웃음이 오래 기억에 남는 곳으로 그날
가본 곳 중 제일 인상 깊은 가게였다. -2층과 3층에 공장이 있어서 공장도 같이 견
학할 수 있었다. -생초콜릿, 일본어로는 '나마초코레토'라고 하며, 생크림을 넣
어 만든 생초콜릿은 그냥 초콜릿과는 달리 촉촉한 촉감으로 입 안에서 부드
럽게 녹는다. 생초콜릿을 처음 먹어 본 나는 감동 그 자체였다. 생초콜릿 판
매만으로 발렌타인데이엔 10억 가까이 매상을 올린다는 가게 안에서 이것저
것 살펴보다 선물을 샀다. 나에게 좋은 가게를 보여 주신 선생님께 인사로 한
통, 내가 먹으려고 한 통, 학교 언니들에게 주문을 받아 세 통, 이렇게 사고 나
니 십만 원 넘게 챙겨온 내 지갑이 어느새 가벼워져서 날아갈 지경이다. 하지
만 어떠랴 쥐고 있는 돈보다 달콤한 케이크가 더 좋은걸~.

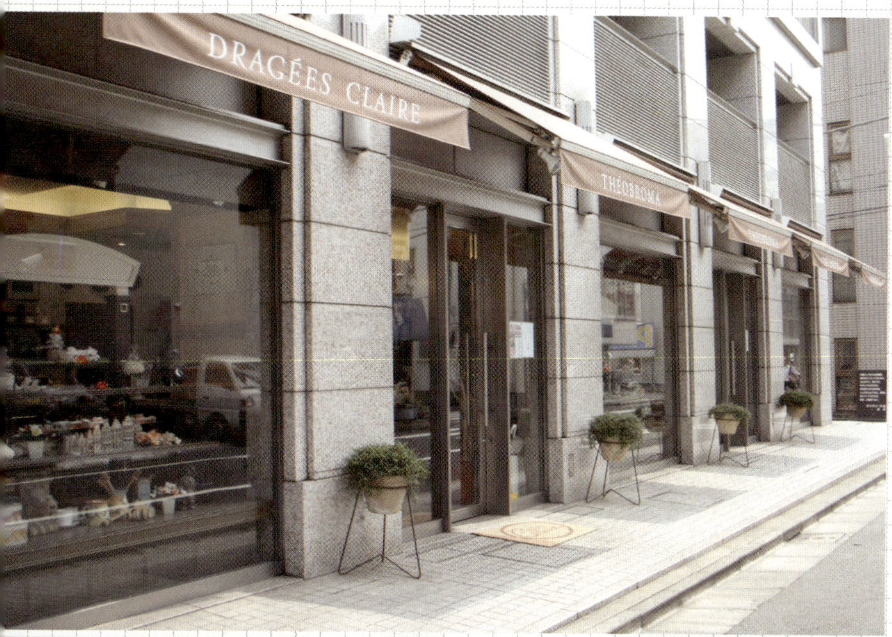
DRAGÉES CLAIRE
THÉOBROMA

THÉOBROMA
タブレット アマンド
¥1155

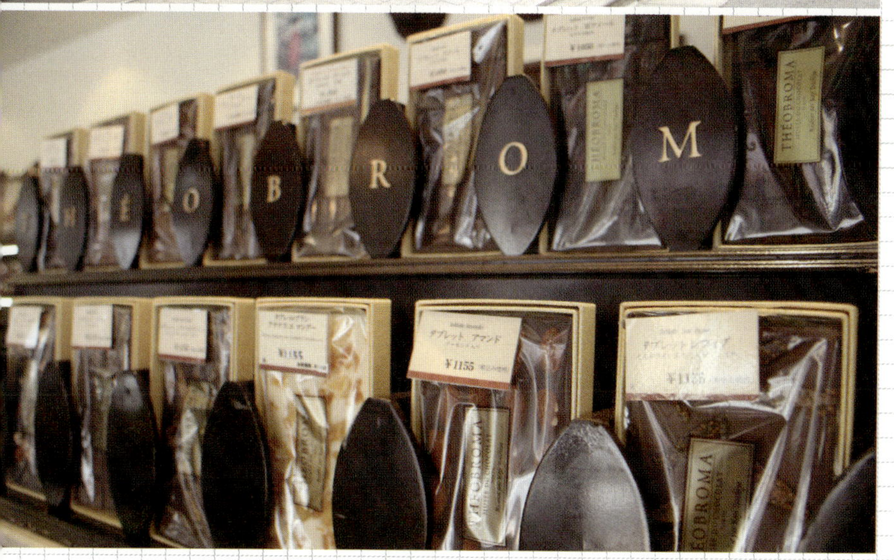

내가 초콜릿을 무척 좋아한다는 것을 알게 된 것은 슈퍼마켓에서 고른 과자들을 살펴보고서였다. 대형마켓에서 과자 쇼핑하는 것을 좋아하는 나는 어느날 내가 고른 과자들의 공통점을 알게 되었다. 초콜릿이 포함된 과자가 대부분을 차지했다. 그제서야 '내가 초콜릿을 이렇게 좋아했구나' 하는 생각이 들었다. 일본에 있을 때도 자주 단것을 그리워하는 나는 그럴 때마다 자연스레 초콜릿 케이크를 떠올린다. 그리고 그럴 때마다 데오브로마를 찾아간다.

데오브로마의 셰프는 초콜릿을 전공으로 해서 파티쉐라기보다는 쇼코라티에에 가깝다. 그래서 데오브로마는 초콜릿 제품으로 이루어진 쇼케이스와  초콜릿을 사용해 만든 케이크들이 주를 이룬다. 초코 푸딩, 초콜릿 몽블랑, 초코 슈, 초코 무스 케이크 등등 초콜릿이 주재료이기 때문에 자칫하면 질릴 수도 있다고 생각할 수 있지만 먹어 보면 적당한 단맛과 단맛을 조절하는 쓴맛이 좋은 균형을 이루고 있어 질리지 않고 먹을 수 있는 게 특징이다.

데오브로마에 가면 초콜릿 케이크과 함께 빼 놓지 않고 먹는 아이템이 있다. 흰 가재수건 같은 것에 쌓여 있는 크레무탄타 치즈 케이크와 이곳을 대표하는 상포아킹 초콜릿 케이크는 가나슈와 초콜릿 스퍼지를 7단으로 겹쳐 진하고 풍부한 향과 깔끔한 맛을 자랑한다. 심플한 디자인과 조화로운 그 맛이 쉽게 잊히지 않아 자주 가고 싶어지는 데오브로마~.

데오브로마는 시부야 역에서 걸어서 15분이면 찾아갈 수 있지만 그 넓은 시부야 역에서 데오브로마를 찾아가는 건 어려우니 요요기코엔(代々木公園) 역에서 내려 케이크집을 찾아가는 게 안전하다. 케이크를 먹고 난 후에라면 자연스레 소화도 시킬 겸 시부야 역으로 걸으면 된다. 가게에서 쭉~ 내려가기만 하면 되니 시부야 역을 찾는 게 그리 어렵진 않다. 하지만 시부야에서 이곳을 찾기엔 이 길이 처음인 사람에겐 무리일 듯 싶다.

초콜릿 케이크로 에너지를 충전해 시부야에서 지치지 않는 쇼핑을 해 보자.

THEOBROMA テオブロマ 데오브로마

전화 03-5790-2181
주소 도쿄도 시부야쿠 토미카야 1-14-9 그린코아 레스토랑 시부야 1층
東京都渋谷区富ヶ谷1-14-9 グリーンコアL渋谷1F
교통 치요다센 千代田線 요요기코엔代々木公園 역 1번 출구 도보 6분
영업 시간 9:30~20:00(L.O 19:00)
쉬는 날 연중 무휴
종류 약 100종류
좌석 14석
오픈 1999년도
가격대 300엔대부터~
지점 이케부쿠로 신주쿠 미츠코시 백화점 등등
홈페이지 www.theobroma.co.jp

# 달콤한 피로 회복제, 초콜릿

　　초콜릿이 피로 회복에 좋다는 소문이 있다. 피로하다고 느끼는 것은 몸 속의 에너지를 너무 많이 사용해서 혈액 속 당분의 농도가 극도로 떨어진 상태를 말한다. 그래서 피로를 회복하기 위해서는 혈액 속에 당분을 공급해 주어야 하는데, 다른 식품의 경우는 먹은 후 한참이 지나야 당분으로 바뀌지만 설탕이 들어가 단맛을 높인 초콜릿은 먹고 나서 몇 분만 지나도 몸 속에서 빠른 시간에 당분으로 바뀐다. 때문에 급속히 떨어진 에너지를 매우 빠르게 회복시켜 주기 때문에 피로 회복에 바로 효과를 얻을 수 있다고 한다. 그래서 피곤하거나 기운이 없을 때에는 초콜릿이나 사탕을 먹으면 피로가 빨리 달아나는 걸 느낄 수 있다.

　　그리고 페닐에틸아민이라는 초콜릿의 또 다른 화학 성분은 '초콜릿의 암페타민'이라 불리는데 암페타민은 대뇌피질을 각성시켜 사고력과 기억력, 집중력 같은 것을 순식간에 높이는 역할을 한다. 하지만 이런 물질은 다른 음식에도 들어 있고 소량의 초콜릿에는 이러한 성분의 양이 매우 적어 초콜릿의 효능에 대해 과장됐다고 말하는 사람도 있다. 하지만 나는 뭐든 맛있게 먹으면 몸에 좋다고 생각한다.

# 닭고 싶은 파티쉐를 만날 수 있는 곳
# 에·그·르·듀·스

**파운드 케이크 [pound cake]**
밀가루, 달걀, 설탕, 버터를 각각 1대 1의 비율로 섞어 만든 케이크. 영국에서 처음
만들어 먹었으며 밀가루, 달걀, 설탕, 버터를 각각 1파운드(453.6g)씩 넣어 만들
었다 해서 붙여진 이름이다. 프랑스에서는 그냥 케이크라고 한다.

중학교 때부터 나는 부모님을 졸라 제과제빵 학원에 다녔다. 하지만 부모님께서는 쉽게 결정을 내리지 못하셨고, 그만큼 내 장래에 대해 많은 걱정을 하셨다. 그렇게 졸라서 막상 학원을 다녀 보니 당시 어렸던 내가 배우기에는 이해하기 어려운 이론들이 많았다. 하지만 나는 지지 않으려고 모든 과정을 일일이 손으로 적어가며 어제와 오늘 배운 것의 만드는 차이점을 분석하고 쉽게 알 수 있게끔 나만의 레시피를 만들어 가며 언니 오빠들과의 수업을 따라갔다.

한 달 정도 학원을 다니고 두 달째로 넘어갈 때쯤 원장 선생님은 그런 내 모습이 기특해 보이셨는지, 계속 가르쳐 보는 게 어떻겠냐고 엄마 아빠께 말씀드렸고, 그 말씀을 들은 엄마와 아빠는 그로부터 지금까지 8년간 나의 일을 지지해 주고 계신다. 당시의 난 오로지 빵 냄새가 좋았고 손으로 반죽을 떼고 둥글리고 하는 그런 손의 촉감이 너무 좋았다. 그리고 다 만들고 나면 한 봉지씩 집에 들고가 가족과 함께 먹는 시간이 좋았기 때문에 그것만으로 충분했었다. 이제 와서, 자기 전에 온몸이 욱씬욱씬할 때면 '좀 더 편한 직업을 택했어야 했어······.' 하며 한탄할 때도 있지만, 그래도 나는 이 일을 천직이라 생각하고 있다.

어릴 때부터 이 일을 시작한 나에게 부모님의 최대의 지지는 기도였다. 새벽 기도를 다녀오신 엄마 아빠는 자고 있는 내 손을 꼭 잡고 '최고의 제빵사'가 되게 해달라며 기도해 주셨다. 그럴 때면 난 속으로 '영향력 있는 파티쉐가 되게 해주세요.'라고 보태었다. '영향력 있는 제빵사'라는 타이틀, 그런 나의 목표와 굉장히 닮은 파티쉐를 일본에서 만날 수 있었는데 바로 에그르듀스의 노리히코 오너 셰프였다.

집에서 자전거로 15분 거리에 이렇게 유명하고 근사한 에그르듀스 케이크집이 있다는 건 나에게 행운이었다. 프랑스의 루레데세루라는 과자 협회 - 1981년에 만들어진 제과인의 국제적인 모임으로 현재 회원은 85명이 넘는다. - 에 일본 사람으로는 5명의 셰프가 가입되어 있는데 그중 한 명이 에그르듀스의 노리히코 셰프다. 에그르듀스 가게 문 옆에 요리사복을 입은 사람이 케이크를 들고 있는 그림이 그려진 금패가 있는데 그것이 그 회원들의 상징이다. 루레데세루의 회원이 되려면 자기 가게를 가지고 있는 오너 셰프여야 하며, 가입되어 있는 회원 두 사람 이상의 추천과 함께 프랑스에서 치러지는 실기 시험에 합격해야만 한다. 일 년에 몇 번씩 프랑스에서 모임을 가지며 서로에게 레시피를 오픈해야 하는 규칙을 지키며 서로서로 기술을 나누며 같이 성장해 가는 활동적인 모임이다.

나는 에그르듀스의 케이크를 생일 케이크나 친구집에 놀러갈 때 자주 선택하곤 했다. 특히 혼자 있을 때 케이크가 먹고 싶어질 때면 어김없이 에그르듀스로 향한다. 이래저래 자주 갔던 곳이라 이번 촬영을 위해 찾아갈 때는 긴장하지 않을 줄 알았는데 본인이 없을 때는 사진을 찍을 수 없다며 힘들게 날짜를 맞추는 똑 부러지는 성격의 셰프와의 만남 때문일까. 전날부터 긴장이 좀처럼 가시질 않았다. 개인적으로 노리히코 셰프의 느낌을 말한다면 외모상으로도 차가움이 느껴지지만 실제로도 냉철하고 꼼꼼하며 프로의 느낌이 물씬 풍긴다. 직접 만났을 때도 나에게 따뜻하거나 구수하게 대해 주시진 않았지만 오히려 그런 노리히코 셰프의 포스에 나는 완전 존경심을 갖게 되었다.

가게의 전체 내관을 찍을 때도 - 손님들에게 사진 촬영이 금지되어 있다. - 모든 제품이 자리를 잡을 때까지 조금 기다려 달라며 작업하는 직원들에게 구운 과자며 케이크며 빨리빨리 작업을 끝내라고 손동작을 하셨고 - 통유리로 매 장 내에서 만드는 공간이 잘 보이게 되어 있어, 멋있는 파티쉐를 찾느라 눈이 바빠질 수 있으니 주의! - 꼼꼼하게 모든 제품이 쇼케이스에 다 채워지고 나서야, 그리고 그 위에 구운 과자들이 자리를 다 잡고 나서야 마음을 놓으시며 이젠 찍어도 된 다고 하셨다. 접시에 케이크 하나하나를 올려 제품을 찍을 때도 페티 나이프 로 아주 조그마한 흠도 케이크에 남지 않도록 손을 보시고 나서야 맘 놓고 나 에게 찍으라고 건네주신다. 그런 모습이 정말 프로답게 느껴졌다.

어느 가게나 사소한 일은 직원에게 맡기고 셰프는 자기 일에 전념하기 바쁜데 이렇게 에그르듀스의 셰프는 직접 나의 사진 촬영 작업에도 일일이 간섭하며 최적의 환경을 이끌어 주시는 모습에 '닮고 싶다'라는 생각이 저절 도 들었다. 인터뷰 시간에도 내 질문에 '손님이 맛있다고 느끼면 오케이'라 고 말하는 셰프는, 24살부터 29살까지 프랑스에서 기술을 배웠으며 기술을 배우다 언어적 장벽을 뛰어넘고자 나중엔 오전에는 프랑스어 학교까지 등록 해 언어를 배웠고, 그제서야 기술을 배우는 데에 있어 본인이 가진 의문에 충 분히 질문하고 대답도 들을 수 있었다고 한다. 그리고 그제서야 정말 기술을 배운 기분이 들었다고 한다.

그래서인지 에그르듀스의 제품을 살펴보면 프랑스 스타일의 케이크가 대부분이다. 이곳의 간판 케이크는 파운드 케이크인데 우리가 생각하는 그 런 파운드 케이크와는 조금 다르게 아주 날씬하고 길며 화려하다. 종류도 10 가지가 훨씬 넘어 구경하고 고르는 재미가 있다. 그중에 녹색을 띠는 피스타 치오 맛의 파운드 케이크의 인기가 최고다.  왜 이리 날씬하고 긴 모양을 하 게 됐냐고 물었더니 한 입으로 먹기 편하게 하기 위해서란다. 이 파운드 케이 크를 사게 되면 양이 많다고 생각되지만 한 입 한 입 먹다 보면 혼자서 하나

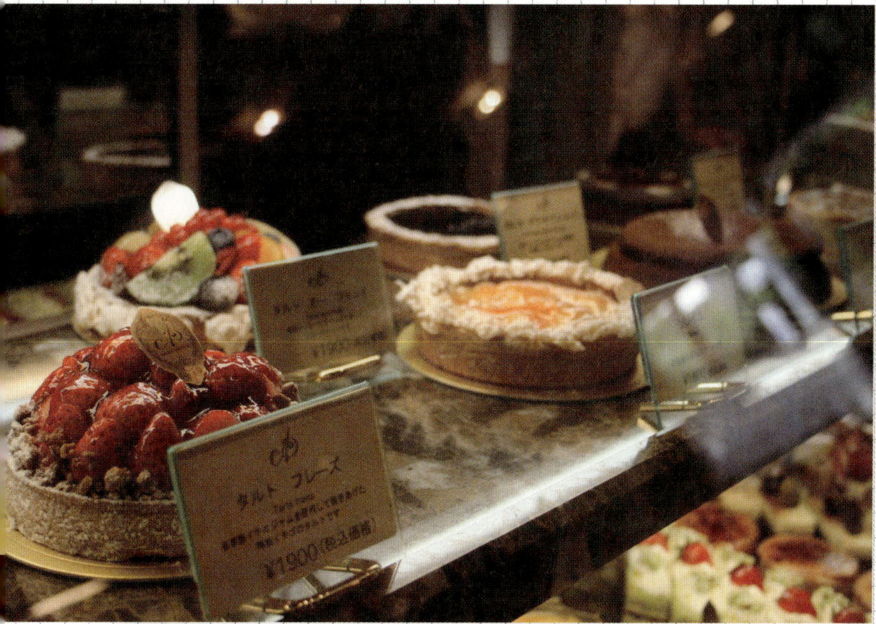
タルト フレーズ
¥1900

ヴァレンシア グラッセ
¥1100
ブラジリアン

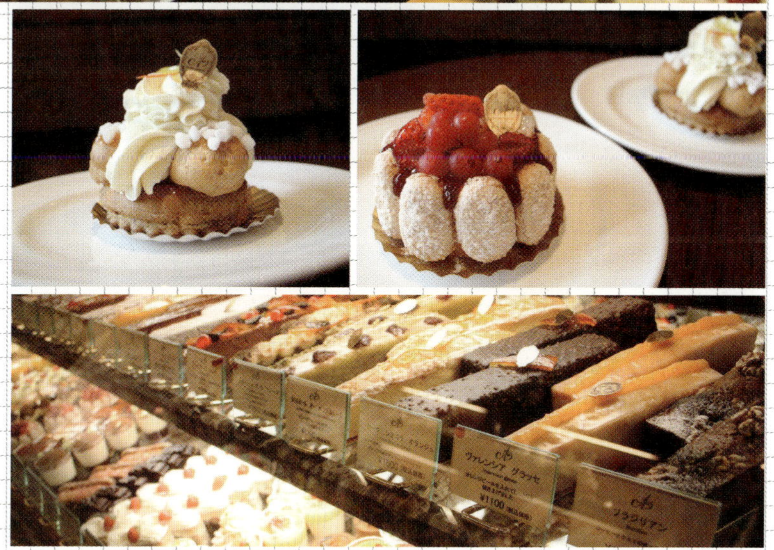

를 다 먹게 되는 경우도 경험도 하게 되니 주의하시길~

　일 년에도 몇 번이고 파리를 오가며 자신의 제품에 발전을 추구하는 활동적인 셰프의 모습을 보며 '아~, 나도 이런 영향력 있는 파티쉐가 되고 싶다'라는 생각이 머릿속에서 떠나질 않았다. 도쿄의 유명한 파티쉐들만의 모임에서도 어느 사람 하나 노리히코 셰프에게는 반말을 쓰는 사람이 없을 정도로 함부로 대할 수 없는 이 셰프에게서, 오너 셰프를 꿈꾸는 나는 참 닮고 싶고 배우고 싶은 것이 많다.

# 에그르듀스의 파운드 케이크

※케이크 제품 이름은 영어가 아니라 프랑스어임.

*Cake Caramel* _ 1100엔

구운 파운드 케이크에 카라멜을 표면에 부어 만든 특
제 카라멜 케이크.

*Cake au Cocolat* _ 1450엔

쿠벨추루 초콜릿을 사용했으며 생지에 건포도를
넣어 만들었다.

*Oramandie* _ 1100엔

오렌지 필을 넣어 촉촉하게 구웠다.

*Cake a la banane* _ 1300엔

바나나와 럼술을 듬뿍 넣어 구웠다.

*Cake aux Fruits* _ 1350엔

풍푸한 풍미의 생지에 잘 절인 드라이 후르츠를 넣
어 구웠다.

*Cake aux Marrons presse* _ 2300엔 (가을 한정 제품)

가게에서 직접 만든 밤 콘포토를 형 안에 나란
이 올려 저온에서 구웠다.

*Cake Chocolat orange* _ 1600엔

쿠벨추루 초콜릿을 사용해 촉촉하게 구운
오렌지 풍미의 초콜릿 케이크다.

*Jouer et nuit* _ 1300엔

무화과와 오렌지, 이 두 가지의 재료를 흑
맥주 풍미의 생지에 넣어 구웠다.

*Pistache a la Fraise* _ 1600엔 (베스트 인기 상품)

피스타치오의 생지를 베이스로 딸기잼을 넣
어 조화를 이룬 케이크.

*Pistache a la Fraise* _ 1350엔

바닐라와 버터, 계란 노른자를 사용해 촉촉하
게 구웠다.

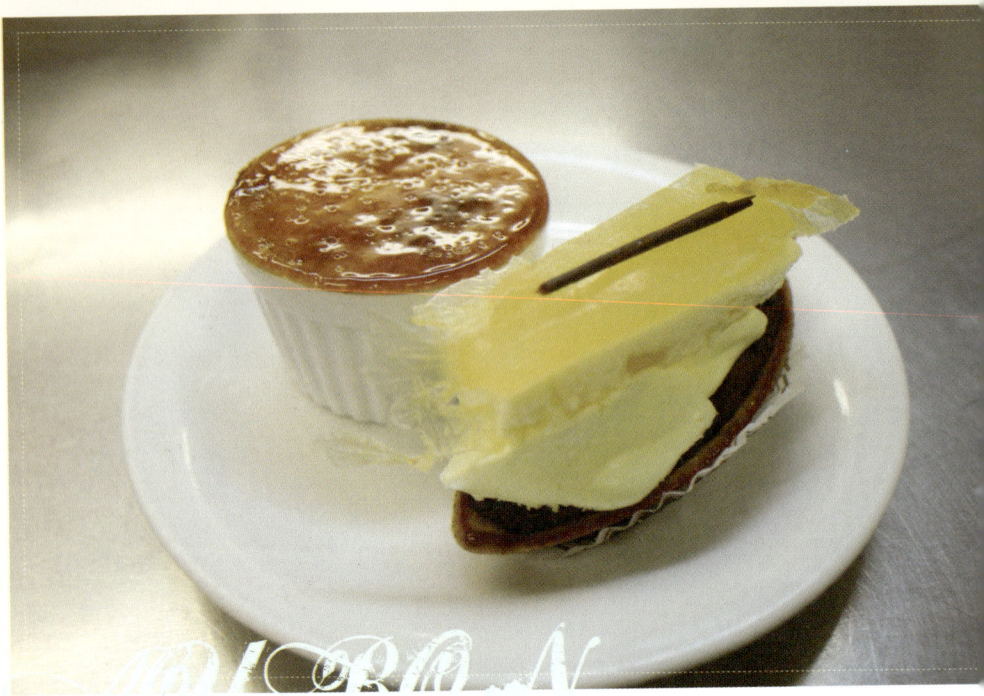

# 프랑스 전통의 느낌을 가졌어
# 오·봉·뷰·탕

서양배
열매는 7~10월에 익는데 보통 조롱박 모양이며 꼭지 부분의 길이와 굵기, 형태는 품종에 따라 다르다. 열매의 질량은 50~250g이다. 열매 꼭지는 짧고 굵으며 대부분 꽃받침잎이 붙어 있는 것이 특징이다. 열매는 수확한 후에 익혀야 맛이 있다.

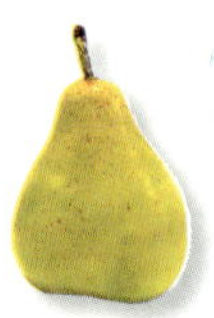

"호진아 너 꿈이 뭐야? 케이크 가게 내는 거야?" 나는 주위 사람들에게 꿈이 무엇이냐는 질문을 자주 받는다. 내가 "너 꿈이 뭐야?"라는 질문을 자주 해서 그런가 보다. 지금 나의 꿈은 파리 케이크 여행이다. 내후년이면 프랑스 과자를 공부한 지 10년째가 되는데 난 아직 파리를 한 번도 가 보지 못했다. 동경제과학교 졸업 여행으로 파리와 이 나라 저 나라를 가는 스케줄이 있었지만 700만 원 가까이 드는 경비로 인해 한 교실에서 몇 명만 갔었을 뿐이었다.

작년 여름에도 친하게 지내며 4총사를 이뤘던 언니들과 파리 여행을 계획했었는데 제일 들떠 오도방정을 떨던 나 혼자 가지 못했었다. 언니들의 파리며 로마며 여기저기서 찍은 사진을 보며 "내 얼굴 잘라서라도 붙여야겠다."라며 웃으며 이야기했었지만 남 몰래 많이 울었었다. 동경제과학교 졸업 후 프랑스로 또 한 번의 유학을 생각했었지만 나는 아직 일본을 벗어나지 못하고 있다. 하지만 꿈은 절대적으로 강한 의지에서 이루어지는 법, 나는 언제 가게 될지 모르는 파리 여행을 준비하며 파리의 케이크 가게를 소개하는 책과 잡지를 보이는 대로 사놓으며 항상 갈 준비를 하고 있다. 그런 나의 열정에 위로하듯 지금 일하고 있는 가게의 모치야마 셰프가 해 준 이야기가 있다.

"난 파리에 5년간 있었지만 일본도 파리에 뒤지지 않는 케이크집이 많아. 그러니 일본에 있는 케이크집이라 해서 만족 못할 것 없어. 그러니 많이

돌아다녀 봐 호진, 넌 도쿄에 살고 있으니깐 말야."

'그래요. 도쿄에도 정말 멋진 케이크집들이 많아요. 하지만 그래도 난 파리에 가 보고 싶어요.'

파리 케이크 여행에 대한 꿈은 단 한 번도 놓은 적이 없다. 그런 나에게 마치 오래된 파리 케이크집에 와 있는 듯한 느낌을 가지게 하는 곳이 있다. 파리에 대한 열정이 뜨거워질 때면 생각나는 케이크 가게 오봉뷰탕. 문을 연 지 30년이 되는 오봉뷰탕은 다른 프랑스 케이크집이 가지고 있지 않은 묘한 느낌을 가지고 있다. 그 묘한 느낌은 물론 셰프에게서부터 나오는 게 아닐까 싶다.

셰프와는 통화도 몇 번 한 적이 있고 한두 번 만난 적이 있는데 올해 60이 훨씬 넘은 나이에도 불구하고 굉장히 파워가 느껴지는 분이다. 한창 독도 문제로 한일 양국 간에 팽팽한 긴장이 유지되고 있을 때 나에게 케이크 이야기가 아닌 독도 문제를 꺼내신 분은 오봉뷰탕의 셰프가 처음이었다. 생각지

도 못 한 질문에 이런저런 생각을 정리해서 이야기했는데 한국을 좋아하시는 셰프는 잘 마무리되길 바라신다며 뜬금없이 내 나이를 물으신다. 22살(일본 나이)이라고 했더니 덩달아 결혼은 했냐고 묻는다. 당황한 나는 아직 어려서 생각은 없지만 오봉뷰탕에 젊은 남자들이 많이 일한다고 들었는데 일 잘하는 친구 있으면 소개 좀 해달라고 했더니 '하하하' 웃으신다.

오봉뷰탕은 실제로도 남자 직원밖에 없다. 다른 곳은 판매나 포장은 여자 아르바이트생이나 여자 직원들이 담당하지만 오봉뷰탕은 만드는 사람과 포장하는 사람 전 직원이 거의 젊은 남자뿐이다. 2년 전까지만 해도 여자 파티쉐가 한 명이 있었는데 아무래도 남자 직원들이 대부분을 차지하니 남자 화장실, 남자 전용 락커 등등이라 조금 지내기 어려웠나 보다.

파리 여행을 더욱더 간절하게 만드는 오봉뷰탕은 파리에 가지 못한 나에게 충분한 위로가 되어 준 가게다. 파리에서 케이크를 먹으며 공원에서 낮

잠을 실컷 자는 그날까지 나는 오봉뷰탕에서 파리를 느껴야겠다.

곡선의 통유리를 가진 외관을 지나 입구로 들어가자마자 마치 아주 오래된 파리 케이크집에 온 듯한 느낌을 주는 오봉뷰탕은 제품 수만 무려 380종류가 된다. 다양한 케이크들과 초콜릿, 빵, 젤리, 사탕, 구운 과자 등이 넓은 가게 안 곳곳에 자리를 차지하고 있다. 프랑스 전통 스타일의 케이크들과 구운 과자들을 파는 가게로 가게의 이름과 같은 케이크 오봉뷰탕이 이곳의 메인 케이크이다. 오봉뷰탕은 오전 9시에 오픈해서 오후 6시 반에 문을 닫기 때문에 이곳을 방문하려면 서둘러야 한다. 제조팀은 더 빠른 오후 5시쯤 퇴근하기 때문에 자기 계발이나 퇴근 후 모자란 부분을 연습하는 등 직원에 대한 배려가 큰 오봉뷰탕은 아침부터 15명이 넘는 직원이 동시에 공장에서 아주 빠르게 많은 제품을 만들어 내는 곳으로 강한 팀워크를 자랑하는 곳이기도 하다. 서양배를 좋아하는 셰프는 가게 마크부터 케이크 이곳저곳에 서양배를 재료로 많이 사용해 다른 가게보다 서양배를 사용한 제품을 더 많이 만나볼 수 있다.

오봉뷰탕은 친구에게나, 케이크에 관심이

있는 사람에게 일본에서 제대로 된 프랑스 전통 케이크 가게를 보여 주고 싶
을 때 1순위로 소개하는 가게로, 셰프가 프랑스에서 익힌 기술을 일본에서
어떻게 표현했는지 느낄 수 있는 곳이다. 현재 니혼바시 다카시마야 백화점
지하 1층 양과자 코너에도 오봉뷰탕이 자리 잡고 있으니 본점으로 오기 번거
롭다면 니혼바시점을 방문해 보자.

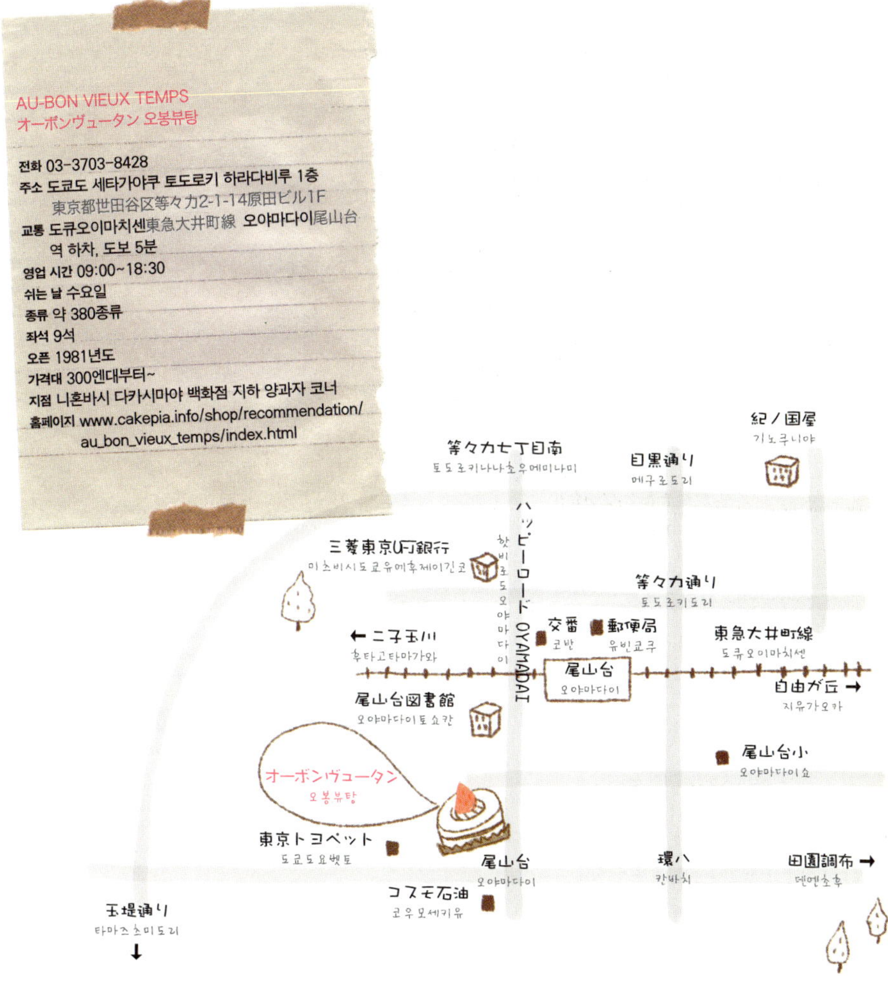

# 일본의 스위트 잡지

일본에는 케이크에 관련된 책이 많이 출판되어 있다. '디저트 책'은 그 주제에 맞게끔 자세한 내용을 다룬다면 '스위트 잡지'는 거의 매달 나오니 항상 좋은 정보를 빠르고 편하게 얻을 수 있어 자주 구입하는 편이다.

일본에는 많은 스위트 잡지가 있지만 그중에 내가 제일 자주 사 보는 잡지는 cafe-sweets(カフェ・スイーツ)이다. 신주쿠에 있는 큰 서점에 가면 쉽게 살 수 있는데 일본에서 최근에 오픈해 주목 받는 케이크집이나 여러 가지 재료들, 프랑스에서 인기 있는 케이크 가게 내용을 메인으로 여름에는 아이스

크림에 관한 내용, 젤리에 관한 내용, 세계의 디저트에 관한 지식 등등을 보여 준다.

때로는 커피 특집, 마카롱 특집을 소개하는데 세세하게 내용을 다루어 많은 공부 자료가 된다. 일본에서 발빠르게 주목받는 케이크집과 유행하는 재료 등 여러 가지 최신 정보 자료를 얻을 수 있고 내용 또한 풍부해 개인적으로 다른 스위트 잡지보다 더 선호하고 있다.

책 이름 cafe-sweets カフェ-スイーツ
문의 전화 03-5816-8265
홈페이지 www.shibatashoten.co.jp

# 초심과 함께 열정을 찾게 되는 곳
# 다·카·기

마들렌 [madeleine]
밀가루, 달걀, 설탕, 버터, 쇼트닝 등을 배합한 말랑말랑한 반죽을 마들렌틀(편평한 컵케이크틀)에 흘려 넣어 구운 과자. 달걀과 유지를 많이 써서 연하고 가볍게 만든 것이 고급품이다.

중학교 때, '성공 시대'라는 프로그램을 자주 시청했는데, 어느 날 여자 파티쉐의 성공한 이야기를 보며 참 멋지다고 생각하며 시청을 했었다. 그렇게 시청이 끝나고 일상생활을 하던 내 눈에 빵들이 크게 보이기 시작했다. 평소 같으면 지나칠 수 있었던 빵들과 케이크들이 나를 자꾸 끌어당기는 느낌을 받았고 집 근처에 제과제빵 학원이 있다는 사실도 처음 알게 되었다. 중학교 3학년으로 올라가 인문계와 실업계의 두 갈래로 나눠지기에 열심히 공부해야 할 때, 난 빵을 배우고 싶다고 부모님께 이야기했다. 부모님은 모든 것에는 순서가 있다고 이렇게 일찍 시작할 필요도 없으며 고등학교와 대학교에 들어가면 다른 게 하고 싶어질 거라며 나를 설득하려 하셨다.

텔레비전 프로그램의 영향이 큰 것인지 아니면 파티쉐란 천직이 때가 되어 날 부른 것인지, 잘은 모르겠지만 나는 온통 빵을 배우고 싶다는 생각만이 머릿속에 가득했다. 결국, 빵을 배우고 싶다는 강한 의지는, 그날 나를 집이 아닌 친구의 할머니집으로 데려다 주었다. 일 년에 단 하루도 외박이 허락되지 않는 우리 집에서 중학교 3학년 딸아이가 아무 말 없이 가출이라니, 부모님은 큰일이 생겼나 가슴을 졸이며 새벽까지 아는 사람들에게 모두 전화를 해 보셨단다. 하지만 소심한데다 부모님과 사이가 좋았던 나는 가출한 지 하루도 못 지나 새벽 3시에 집에 전화를 했다. 나 잘 있다고 내일 집에 들어가겠다고. 엄마는 울면서 무슨 일이냐고 왜 그러냐고 물으셨다. 나는 엄마가 우는 와중에도 빵이 배우고 싶다고 했다. 엄마는 일단 집에 와서 이야기하자며 나를 달래셨다. 울음 섞인 엄마의 목소리를 듣고 나니 내일 들어가서 혼날 것도 무서워지고 죄송한 마음에 쉽게 잠들지 못했다.

다음날 아침, 집으로 돌아간 나를 붙잡고 엄만 펑펑 우셨고 아빤 나에게 벌로 일주일간 아빠와 대화 금지령을 내렸다. 아빠에게 혼나거나 맞을 것을

Pâtisserie Francaise

LE PATISSIER
TAKAGI
LE PATISSIER
TAKAGI

두려워했었는데 대화 금지령이라니……. 철없던 나는 맞는 것보다 훨씬 큰 벌인 것도 모른 채 다행스러워하며 그 벌을 받아들였다. 일주일 후에 아빠가 나에게 반성은 많이 했냐고 물어보았을 때, 나는 죄송하다는 말은 한마디로 끝내고 제과 학원에 보내달라고 간청을 했다. 결국 고민 끝에 아빠는 나를 제과 학원에 보내기로 결정하셨고, 학원비도 만만치 않고 어린 딸이 배우기에는 빠르다며 계속 만류하시는 엄마를 설득해 주셨다. 나는 그렇게 중학교 3학년에 입시 학원이 아닌 제과 학원에 등록했다.

다행히 시작한 지 얼마 지나지 않아 매일매일 들고 오는 빵과 쿠키들로 부모님의 작은 기쁨이 되어 드렸다. 8년이 지난 지금 하루 12시간이 넘는 엄청난 노동을 요구하는 이 직업을 택한 내 자신을 원망할 때도 있다. 그만두고 싶을 때도 많았다. 하지만 그만둘 수가 없었다. 그렇게 부모님의 마음에 아픔을 드리고 내 의지로 시작한 일이었기 때문이다. 지금 생각하면 그때 그 철없는 행동과 반성 하나 없었던 내 태도에 진심으로 부모님께 죄송하다는 말을 드리고 싶다.


도쿄에도 어렸을 때부터 제과에 관심을 가져 지금은 일본에서 손꼽히는 파티쉐가 된 유명한 셰프가 있다. '다카기'의 다카기 셰프다. 초등학교 4학년 때 혼자 만든 마들렌을 계기로 초심을 잃지 말자는 다짐과 함께 가게의 마크 또한 마들렌으로 디자인을 해 일본 사람들에게 마들렌의 이미지로 많이 알려져 있다. 프랑스에서 요리 학교를 졸업한 후 여러 호텔과 유명 제과점에서 기술을 쌓아 아주 긴 이력을 자랑하는 다카기 셰프는 1992년도에 유럽에서 열린 케이크 대회에서 '알파전'이라는 케이크로 수상해 일본 최연소 기록을 세우며 일본 사람들에게 알려지기 시작했다. 2000년도에 셰프의 이름

으로 문을 연 '르 파티쉐 다카기'는 뛰어난 마케팅과 맛으로 국민들에게 많이 알려진 가게가 되었다. 대회에서 수상한 알파전은 지금 가게에서 메뉴로 판매되고 있으니 한번 먹어보는 것도 좋겠다.

　　나는 본점에도 가 보았지만 역시 지하철 타고 버스 타고 가는 길이 멀어 시부야 역 백화점에 있는 다카기점을 더 자주 이용한다. 얼마 전에 푸딩을 사 먹으러 간 날 – 이곳의 푸딩 시럽은 카라멜 시럽이 아닌 메이플 시럽을 사용한다. – 은 내 앞의 여자 손님이 알파전을 열 개가 넘게 사 가서 그 인기를 실감할 수 있었다. 알파전은 초코무스 케이크로 씹히는 맛 없이 부드럽게 넘어가는 스타일의 케이크이다. 달콤하게 입 안에서 녹는 스타일을 선호한다면 취향에 맞을 것 같다. 2002년에는 본점 옆에 '르 쇼코라티에 다카기'를 오픈해 초콜릿에 굉장한 열정을 보이고 있다. 또한 모든 초콜릿 재료는 셰프가 직접 그 나라에 가서 확인하고 재료로 사용할 만큼 프로의 면을 보여 준다. 다카기의 마들렌은 버터의 향을 중요시하는 마들렌의 특징과 다카기 셰프의 센스로 레몬을 추가해 버터 향과 레몬 향이 콤비를 이뤄 좋은 풍미를 풍긴다. 마들렌은 다카기의 상징 마크이며 간판 상품으로 통한다.

셰프는 올해로 43살이 되었다. 초등학교 4학년 때 마들렌을 만들었던 그 손은 지금은 손님을 위해 정성껏 마들렌을 만드는 손으로 성장했다. 나도 20년 후에 내 자신을 위해서가 아닌 케이크를 사랑하는 사람들을 위한 케이크를 만들 수 있는 파티쉐가 되고 싶다는 생각을 했다.

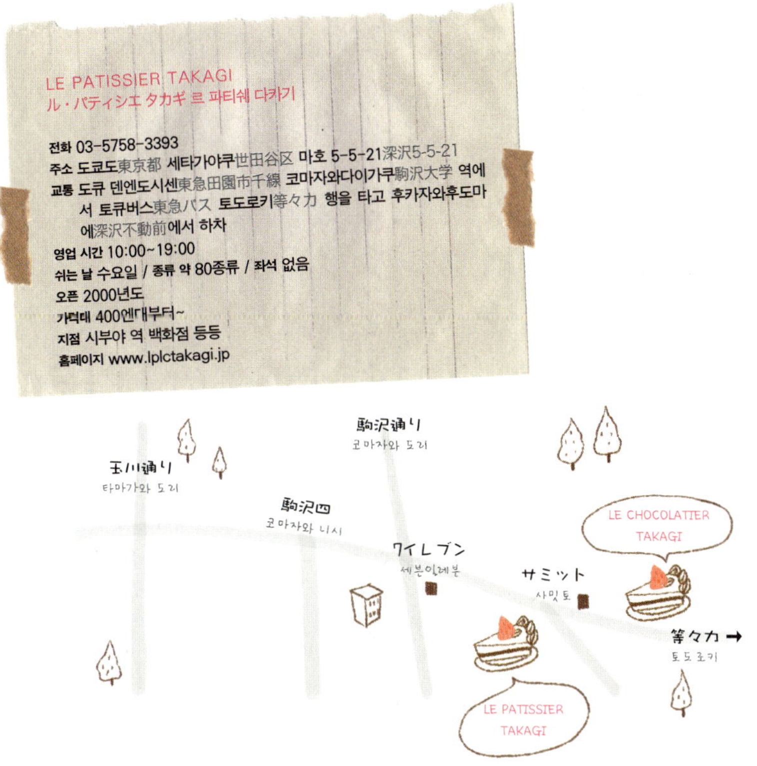

# 쉽고 간단한 마들렌 만들기



버터 100g, 달걀 100g, 박력분 100g, 설탕 66g, 베이킹파우더 2g, 벌꿀
30g, 레몬 껍질 반 개 분량, 레몬즙 3g,

〈만드는 법〉

1. 마들렌 틀에 녹인 버터를 바르고 밀가루를 묻혀, 구운 후 떨어지기 쉽
   게 준비해 놓는다.

2. 볼에 달걀을 풀고 설탕, 벌꿀, 레몬즙, 레몬 껍질을 넣어 휘퍼로 잘 섞
   는다.

3. 2번의 박력분과 베이킹파우더를 같이 채쳐 넣고 덩어리지지 않게 섞
   는다.

4. 3번 볼에 중탕으로 녹인 버터(직화로 버터를 태우듯 녹이기도 하는데 사람
   의 기호에 따라 다르다.)를 넣고 섞은 후 냉장고에 한 시간에서 반 나절
   정도 놔둔다.

5. 준비한 틀에 약 8부 정도 채운 후 약 190~200도로 예열한 오븐에
   10~13분간 굽는다.

# 알 수 없는 매력의 오로라
# 파·리·세·베·유

초콜릿 케이크 [Chocolate cake]
초콜릿 성분이 함유된 케이크이다. 흔한 케이크 중 하나이며 생일 파티 같은
모임 때 사람들이 모여 후식으로 주로 먹는다. 재료 및 초콜릿 향료에 따라서,
수천 가지의 초콜릿 케이크 종류가 존재한다. 초콜릿 외에 향료를 더 추가할
수도 있고, 여러 다른 종류의 초콜릿을 쓸 수도 있다.

올해 처음으로 주거지 독립을 했다. 나만을 위한 집안엔 내 취향의 커텐을 달고 벽에는 직접 찍은 필름 사진들이 나만을 위해 전시되어 있으며 내가 고른 모든 것이 하나하나 내가 원하는 장소에 정리되어 있다. 인테리어는 물론이고 생활도 자유롭다. 자는 시간도 내 마음~ 아침 식사 시간도 내 마음~ 음악 또한 같은 곡을 몇 번이고 반복해서 들어도 아무도 뭐라 할 사람이 없는 나를 위한 집이다.

일본에 온 지 3년이 넘는 시간 동안 케이크집에서 몇 개월, 목사님 가족과 일 년, 학교 언니랑 2년 가까이 같이 살다 드디어 졸업 후 처음으로 일본에서 나만의 공간이 생긴 것이다. 첫날밤엔 혼자 자려니 왠지 쓸쓸하고 무서워 쉽게 잠을 이루지 못했다. 하지만 혼자만의 생활은 언제 그랬냐는 듯 금방 적응되어 집에 있는 시간이 너무 즐겁고 소중했다. 혼자 요리해서 혼자 밥 먹고, 남들은 그게 싫다던데 나는 이 시간들이 너무 좋았다. 내가 먹고 싶은 시간에, 먹고 싶은 요리를 만들어서 영화나 텔레비전을 보거나 음악을 들으며 그것도 싫으면 그냥 밥에만 집중해 먹는 아주 소화 잘 되는 나만의 식사.

학교에 다닐 때는 같은 반 언니와 함께 살아서 학교 친구들을 무진장 집으로 불러댔다. 떡볶이 파티한다고, 부루마블 게임한다고, 케이크 먹는다고, 영화 본다고, 시험 끝났다고, 생일 파티한다고……. 온갖 될 만한 이유를 다 대가며 친구들을 불렀고 친구들 또한 온갖 핑계를 대며 놀러왔다. 나는 항상 요리를 담당했고 언닌 청소 담당이었다. 그렇게 시끌벅적했던 시간들은 졸업 후 언제 그랬냐는 듯 잠잠해졌다. 친구들도 하나둘씩 한국으로 돌아갔다. 집도 생활도 혼자가 되었다.

하지만 혼자라는 시간이 필요할 시기가 있다고 생각한다. 자기 자신에게 귀 기울일 시간 말이다. 하지만 이렇게 혼자 사는 것이 끔찍해질 때도 있

다. 바로 어제처럼 내 보금자리에 도둑이 들었을 때는 말이다. 초가을이 되면 날씨가 쌀쌀해져 가게에는 손님들이 늘어나 자연스레 케이크 만드는 손들도 바빠져 어깨, 다리, 팔 안 아픈 데가 없다. 그럴 때면 집에 와서는 바로 목욕탕에 갈 채비를 한다. 따끈한 물에 몸을 담그고 누가 뭐라든 때까지 빡빡 밀고 나면 – 일본 사람은 때를 안 민다. – 잠이 쏟아지니 집에 돌아와 곧장 잠이 들면 베스트 꿀~이다.

그날은 목욕탕에서 돌아와 문을 여는데, 나갈 때 분명 현관문을 잠그고 갔는데 문이 안 잠겨 있었다. '이상하다, 잠근 거 같은데……. 뭐 잊어버렸겠지.' 하며 젖은 수건을 널려는데 창문도 안 잠겨 있다. '어라~ 니들 왜 이러니.' 하며 혹시나 싶어 테이블을 보니 돈이 없어졌다. 목욕비만 들고 나머지는 테이블에 놔두었는데 온 집안에 돈만 없어졌다. 그래도 감사했던 건 집안에 있는 노트북이나 카메라 등등 물건들은 제자리에 그대로 놓여 있었다는 것이다. 나의 추리에 의하면 1층에 사는 조건상, 지나가던 사람이 창문이 안 잠긴 걸 보고 우리집 창문으로 들어와 돈을 들고 자기 집인양 문을 열고 나간 것 같았다. '창문도 잠근 것 같은데 안 잠궜던가?' 아직도 잘 모르겠지만 어쨌든 나만의 공간에 초대하지 않은 손님이 온 집을 휘젓고 나갔다고 생각하니 소름이 돋고 불쾌해 쉽사리 진정이 되지 않았다. 룸메이트라도 있으면 덜 무서우련만 속상하고 화가 나, 나는 종이에 화난 눈썹을 강조한 얼굴을 그려 바깥 창문에 붙였다. 이걸 보고 '나 화났으니 그렇게 알고 오지 말라'고 경고 마크을 붙였는데, 다음날 회사 사람들이 집에 찾아왔다가 '그걸 보고 또 올걸' 하며 놀린다. 아무리 그래도 난 계속 붙이고 있을 거라구요~.

이렇게 하루 종일 엎치락뒤치락 짜증나는 일이 일어나는 날이면 자연스레 몸에서 단것을 요구한다. 되도록이면 초콜릿 케이크로 말이다. 일단 '오

Il est cinq heures.
Paris s'éveille.

늘은 시간이 늦었으니 자도록 하고 내일 먹으러 가자.'며 자신을 위로하며 잠이 든다. 그래서 다음날 찾아간 곳이 파리세베유였다.

파리세베유는 나와 예전의 룸메이트가 참 좋아했던 케이크 가게다. 지유가오카에 가면 만날 수 있는 케이크집 중 가장 예쁘고, 들어가면 시원시원하게 큰 창문에 햇빛이 들어와 마음까지 따뜻해지는 곳으로 이곳을 찾는 이유는 뭐니뭐니해도 케이크 맛에 있다. 일찍 케이크 세계에 발을 디딘 젊은 카네코 오너 셰프는 르노뜨르 가게 등에서 일하다가 프랑스로 가 3년 반 이상 일하며 기술을 쌓고 일본에 돌아와 2003년 지유가오카에 파리세베유를 오픈했다. 오픈 이후 줄곧 다양한 연령층의 사람들에게 사랑을 받으며 어느 케이크 책이든 항상 소개되었고, 인터넷에서도 높은 별의 점수를 받으며 인지도가 굉장히 높다. 프랑스 과자를 메인으로 다루는 곳으로 많은 종류의 빵과 구운 과자를 만날 수 있다.

산토로레 카라멜(サントノーレキャラメル)은 파리세베유의 간판 케이크로 프랑스 전통 사토로레를 기본으로 파이 생지 위에 큰 원형 슈를, 그 위에 자그마한 슈 3개가 얹어져 있으며 슈 안엔 카스타드 크림이, 슈 위엔 소금 카라멜 크림이 있고 맨 위엔 헤이즐럿이 뿌려져 있다. 슈 위엔 카라멜화시킨 설탕이 입혀져 있어 바삭바삭 씹는 맛과 속의 크림이 균형을 이뤄, 이 맛을 찾아오는 손님들이 많다. 룸메이트 언니는 이 케이크를 가장 좋아했지만 나는 뭐니뭐니 해도 파리세베유의 간판 케이크 무슈아루노(ムッシュアルノー)에 한 표를 던진다. 위에는 다크 초콜릿과 오렌지로 토핑을, 그 밑엔 초콜릿 크림과 밀크 초콜릿이 층을 이루고, 제일 밑에는 넛츠를 카라멜화한 생지가, 한 입 먹으면 굳힌 초콜릿과 초코크림이 깔끔한 카카오 풍미를 내고 오렌지의 향

이 초콜릿과 더해 최고의 하모니를 이룬다. 거기에 씹히는 넛츠까지 더해졌으니 사쿠사쿠(바삭바삭) 소리와 함께 피곤할 때, 고민 많을 때 파리세이유 케이크를 찾게 된다. 맛도 좋고 손님을 끌어 당기는 매력도 있어 계속 가고 싶은 마음이 절로 생기는 곳 파리세베유. 이곳의 매력은 아마 셰프가 몇 번이고 이야기했던, 만드는 과정 하나하나에 정성과 마음을 쏟는 데서 나오는 오로라가 아닐까~. 파리세베유의 오로라를 함께 느껴 보자.

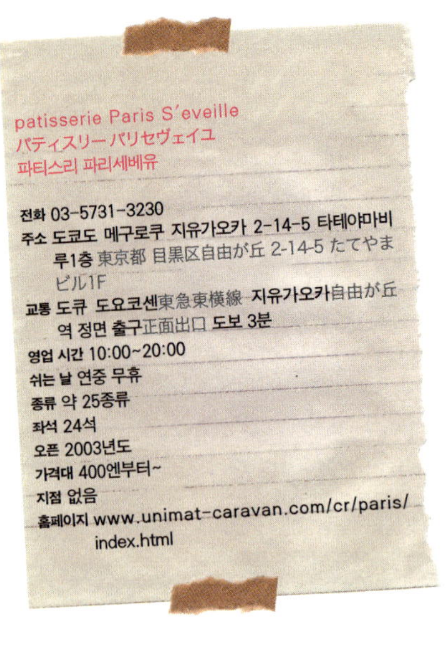


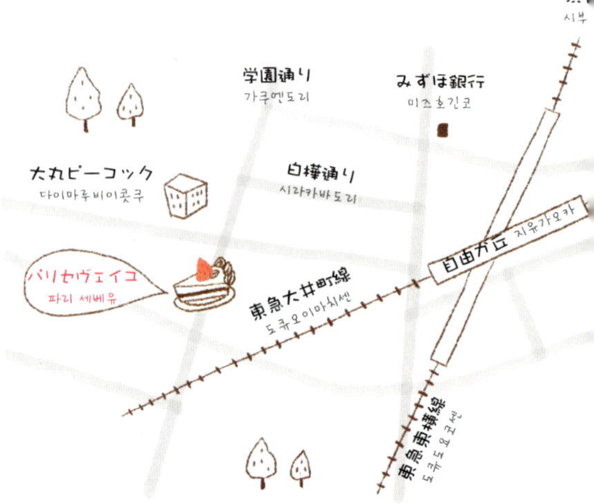

# ABC 쿠킹 스튜디오

　　일본에 여행을 가는 사람들에게는 조금 어렵겠지만 일본에 사는 유학생이나 주부에게는 아주 좋은 쿠킹 교실이 있다. ABC 쿠킹 스튜디오로 요리, 빵, 케이크 이렇게 세 가지로 나누어 배울 수 있는 여성 전용 쿠킹 교실이다. 배울 수 있는 스튜디오는 이케부쿠로나 시부야 등 일본 전국에 체인점이 있으며 배우고 싶은 과정을 선택해 초·중·고급 클래스를 선택해 수업을 들을 수 있다.

　　일본 여성들에게 ABC 스튜디오가 사랑받는 이유는 한 번 회원이 되면 전국 어느 스튜디오에서도 수강이 가능하다는 것이다. 전 코스가 전원 5명까지만 받는 소수 인원 수업이며 월요일부터 일요일까지 매일매일 수업이 있다. 수업은 인터넷이나 전화로 예약이 가능하다. 강사를 선택할 수도 있고 전 코스에 알기 쉬운 그림 레시피를 사용하고 있다. 수업의 가격 또한 굉장히 저렴해 인기가 많다.

**1 DAY 코스** 하루 날짜를 지정해서 하는 실기 수업(만든 케이크나 빵은 들고갈 수 있다).
수업비 500엔부터(재료비 포함, 여러 가지 이벤트가 있어 가격 변동이 많다.
**코스 수업** 요리나 빵, 케이크 종목 중 하나를 선택해서(중복도 가능) 듣는 정기적인 실기 수업
**체험 수업** 무료로 듣고 싶은 수업을 선택해서 참가할 수 있다.

자세한 문의는 인터넷이나 전화 문의로 알아 보자. 단 일본어가 가능해야 한다.
홈페이지 www.abc-cooking.co.jp/srv/index.php
전화 03-5952-8188(이케부쿠로 스튜디오)

# 케이크의 종류

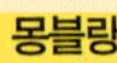

## 몽블랑

밤을 사용해서 만든 몽블랑은 눈 덮인 하얀 산을 연상시켜서 지어진 이름이며 가게마다 조금씩 다른 모양의 케이크 디자인이 특징을 이룬다.

## 치즈 케이크

부드럽고 많이 달지 않아 어른들에게 인기가 많으며 치즈, 우유 등의 유지방이 풍부해 어린이 영양 간식으로 많이 찾는다.

## 롤케이크

들어간 재료에 따라 딸기 롤케이크, 초코 롤케이크, 커피 롤케이크, 호박 롤케이크 등등으로 자기가 좋아하는 재료를 이용해 얼마든지 새로운 맛을 낼 수 있다.

## 밀푀유

천 겹의 잎사귀라는 뜻으로 맛있는 파이 켜가 여러 겹을 이루는 패스트리인 밀푀유는 버터의 향이 진하게 나며 바삭하고도 달콤해 누구에게나 사랑받는다.

## 타르트

케이크 표면이 패스트리로 덮이지 않은 타르트는 파이 생지 위에 크림과 함께 여러 가지의 과일이 보기 좋고 먹기 좋게 올려져 있는 게 특징이며 계절 과일이나 특산 과일을 이용해 과일의 향과 파이의 느낌을 동시에 느낄 수 있다.

### 에끌레어

슈 페이스트로 만든 손가락 모양의 패스트
리로 속엔 크림이 가득하고 겉엔 초콜릿을
입혀 전체적으로 달지만 홍차나 설탕을 넣
지 않은 커피와 잘 어울린다.

### 쉬폰 케이크

가운데가 뚫려 있고 머랭이 들어가 크게 부푼다.

### 생크림 케이크

일본에서는 쇼토 케-키라 불리며 어린이부터 어른들까지 모두에
게 꾸준히 인기 있는 베스트 아이템 케이크다. 일본에서는 생크림
케이크 위에 딸기만 얹은 심플한 디자인이 많으며 생크림이 입에
서 맴돌지 않아야 맛있다고 인정받는다

### 마카롱

아몬드가 들어 있는 과자로 로렌의 중심 도시인 낭시에서 유
명하다.

### 애플파이

밀가루에 버터를 섞어 반죽하여 파이 접시 위에 얇게 펴놓고
설탕과 시나몬을 넣고 조림한 사과를 싸서 오븐에 구운 서양
과자로 만드는 방법이 쉬워 엄마와 아이가 함께 만들면서 재
미있는 시간을 보낼 수 있으니 오븐이 있다면 도전해 보자.

### 머핀

영국에서는 아침 식사로도 주로 먹는다는 머핀은 만들기
도 쉽고 건포도나 아몬드 등의 견과류를 넣는 제품이 많아
견과류를 좋아하는 사람에게 인기가 많다

### 파운드 케이크

영국에서 처음 만들었으며 밀가루, 달걀, 설탕, 버터를 각
1파운드(453.6g)씩 넣어 만들어서 붙여진 이름이다.

### 마들렌

프랑스 북동부의 뫼즈 지역의 코멩씨라는 곳에서 유래한 전통
적인 과자이다. 영국에서 가장 흔한 과자로 조개 모양으로 유명
한 마들렌은 버터 향과 레몬 향의 조화로 많은 이들의 사랑을 받
고 있다.

### 구운 타르트 케이크

타르트 생지 위에 크림과 함께 과일이나 밤 등을 얹어 오랫동
안 구워서 만든 타르트는 따뜻할 때나 차가울 때 언제 먹어
도 맛있게 먹을 수 있다

### 밤쿠헨

일본 명물 과자 10위 안에 들 정도로 인기가 많은 밤쿠헨은 나
무 나이테 모양을 하고 있으며 밤쿠헨이란 이름 또한 나무결
모양이라는 뜻을 가지고 있는 독일 과자이다.

### 피난세

금궤 모양을 하고 있어 이름도 Financier에서 유래되었고
쫀득함과 버터 향이 진해 부담 없이 찾게 된다.

LA B

ÂTEAUX

TARTE

UR-SEC

OCOLAT

Sweet Cake 5

때로는 특별함이 좋아!
자기만의 색깔이
존재하는 이곳

Nous sommes contents et fiers de ces gâteaux cuits dans notre four
qui est un partenaire apprécié de vos pâtissiers.

# 재미난 발상이 돋보이는
# 스·쿠·우

식초 [食醋, vinegar]

신맛을 가지는 대표적인 조미료이며 발효시켜 양조한 것, 과일의 신맛을 이
용한 것, 합성한 것 등이 있다. 입맛을 돋우며 피로 회복과 미용에도 효과
가 있다.

요리에 관심이 있는 사람의 특징은 주방에서 잘 드러난다. 나도 주방 창문에 귀여운 사랑표 문양의 커텐을 달고, 찬장에는 앤틱 스티커들을 가지런히 붙여 놓았다. 주방을 요리하고 싶은 환경으로 만드는 것이다.

나는 거기에 조금 더해 필요 이상의 요리 책과 각각의 조미료와 향신료의 수가 30종류를 넘긴다. 향신료와 조미료에 대한 사랑이 남달라 싱크대를 열면 예비용으로 올리브유 4통, 설탕 2봉지, 참기름 2병, 요리당 1병, 간장 1병, 굴소스 2병, 케첩 2통, 마요네즈 1통, 소금 3봉지, 식초 1병, 후추 등등 더 말하자면 좀 부끄러워진다. 보는 사람의 입을 떡~ 하고 벌어지게 만드니, 혼자 살면서 뭘 그리 만들어 먹어 언제 다 없어질까 싶은데, 슈퍼에 갈 때마다 조금이라도 싸게 파는 날이 있으면 꼭 사서 재어두다 보니 어느새 이렇게 늘어 버렸다. 나의 이 괴짜 쇼핑은 누군가에게 이해시키기도 귀찮아 방을 찾는 손님에게는 되도록이면 안 들키게 조심하지만, 가장 두려운 사람은 바로 이것을 보고 한마디 할 엄마다.


조미료가 많다 보니 새로운 요리를 자주 하게 되고 또 시도하기 시작하면 내 맘에 들 때까지 다시하기 버전으로 들어간다. 예비용으로 충분히 사 놓는 조미료 중 특히 식초는 샐러드용 드레싱부터 각종 양념까지 폭넓게 이용한다. 새콤달콤한 맛을 좋아하는 나는 유난히 남들보다 식초 사랑이 두둑하다. 그런 나를 잘 아는 직장 동료 야나기다 상이 "식초를 베이스로 한 케이크집인데 네 생각나서 들고 왔어~"라며 나에게 스쿠우 케이크집 팸플릿을 건네준다. 순간, '응? 식초를 콘셉트로 한 케이크집?' 정말 많은 케이크집을 가보았지만 식초를 메인 재료로 이용한 케이크집은 처음 들은지라 이야기를 듣자마자 나의 열정은 그곳의 케이크를 먹고 싶어서 안달이 났다.

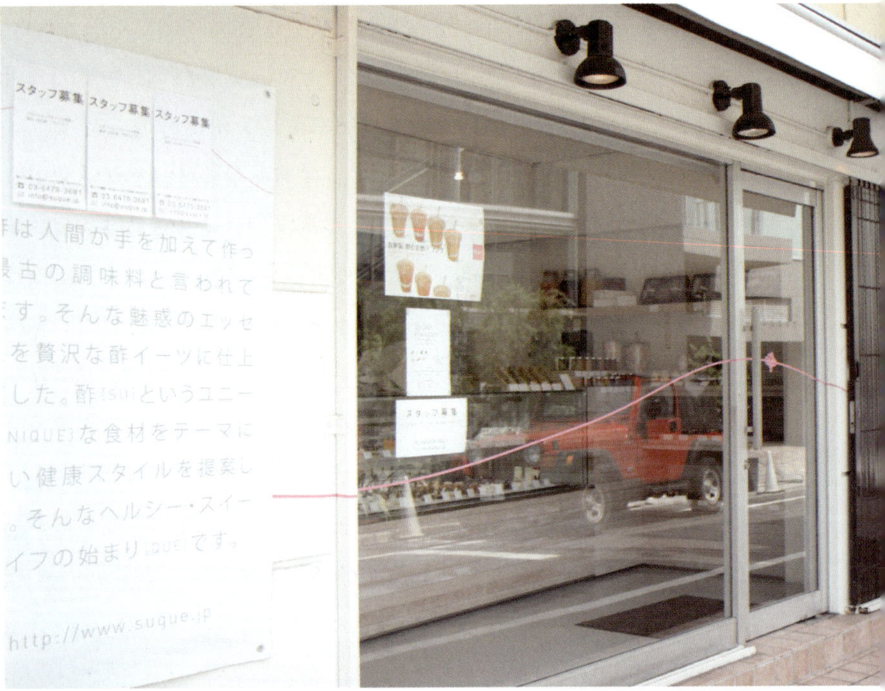

酢は人間が手を加えて作っ
最古の調味料と言われて
す。そんな魅惑のエッセ
を贅沢な酢イーツに仕上
した。酢[soi]というユニー
[NIQUE]な食材をテーマに
い健康スタイルを提案し
。そんなヘルシー・スイー
イフの始まり[QUE]です。

http://www.suque.jp

얼마 지나지 않아 찾아간 스쿠우는 생긴 지 1년도 안 된 새내기 케이크 집이었다. 찾아간 날은 신주쿠의 이세탄 백화점에서 2주간 기획 판매를 하고 있어 만드는 양이 늘어 일손이 부족한 상태라 매우 바빠 보였다. 작은 가게 안엔 식초 쿠키, 식초 마카롱, 식초 잼, 식초 케이크 등등 식초를 사용해 만든 여러 가지 제품들이 있었다. 케이크를 소개하는 이름표 속엔 식초의 강도가 표시되어 있어 식초를 싫어하는 사람은 양이 적은 제품을 고를 수 있고 식초를 좋아하는 사람은 식초가 듬뿍 들어간 케이크를 고를 수 있게 해 놓아 센스도 돋보였다.

스쿠우의 케이크 중 나는 시브스토(chiboust)를 제일 추천하고 싶다. 재스민 식초를 만들어 넣은 케이크로 재료를 사용하는 다양성도 기특했지만 맛 또한 전혀 거부감이 없었다. 처음엔 '재스민 식초?'라며 조금 놀라서 먹을까 말까 망설이기도 했었지만 이날 이곳에서 6개의 제품을 먹었는데 전체적으로 식초와 케이크의 조화가 잘 되어 있어서 놀랐고, 식초로 만든 케이크 레시피는 시중에 없기 때문에 모든 케이크가 창작일 수밖에 없다는 것에 감탄했다. 누가 제품을 개발했냐고 물었더니 직원 전원이 항상 새로운 의견을 내며 케이크를 만든다고 한다. 정말 좋은 공부를 할 수 있는 곳인 것 같다. 이곳 가게의 섬상은 시모키타자와에서 산푸즈(3 フーズ)라는 카페를 열어 식초를 넣은 음료만 판매해 이미 손님들에게 좋은 반응을 얻었고 이를 계기로 '식초로 케이크를 만들면 어떻까?'라는 생각으로 지유가오카에 스쿠우 케이크집을 오픈하게 되었다고 한다. 책임자는 최근 카페와 케이크집 두 곳을 운영하다 보니 정신없이 바쁘다는데 그

열정이 참 좋았다.

　스쿠우 케이크집에도 식초 음료 메뉴가 있으니 굳이 카페가 있는 시모키타자와까지 가지 않아도 마셔 볼 수가 있다. 식초를 좋아하지 않았던 사람도 식초를 좋아하게 되어 버리고마는 스쿠우에서 식초의 다양함을 한번 느껴 보자.

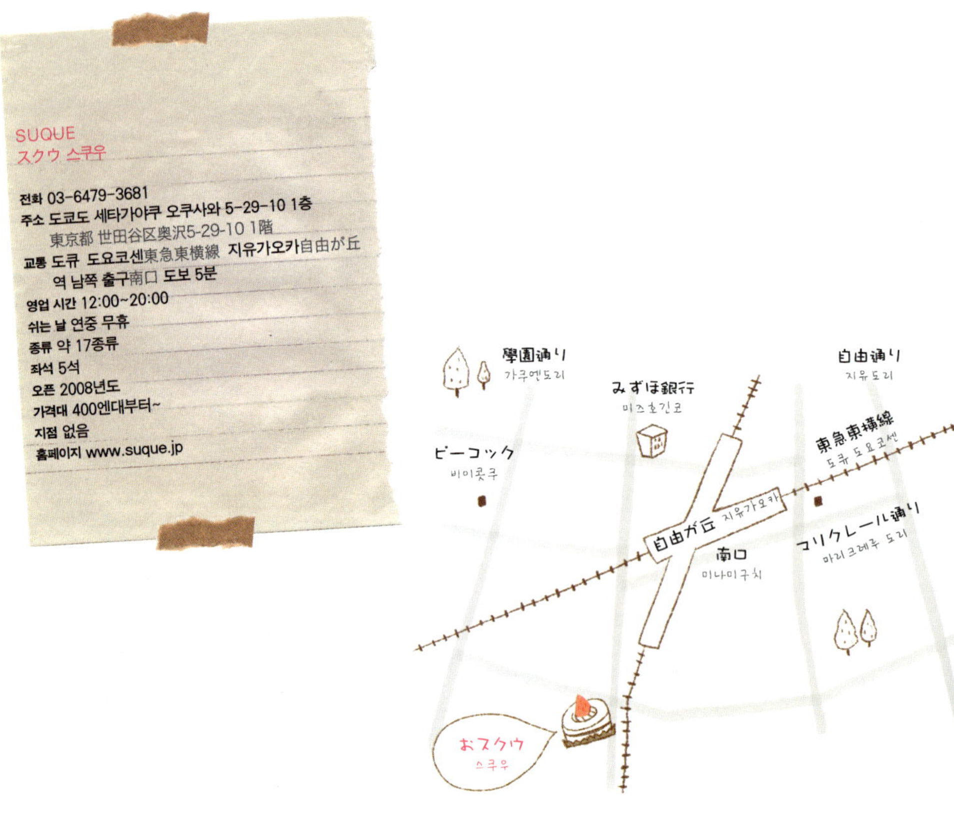

# 케이크집을 찾아갈때 알아두면 좋은 과일·이름들

감 **かき** 가키

사과 **りんご** 링고

귤 **みかん** 미칸

체리 **チェリ-** 체리

배 **なし** 나시

수박 **すいか** 스이카

포도 **ぶどう** 부도

오렌지 **オレンジ** 오렌지

유자 ゆず 유즈
복숭아 もも 모모
딸기 いちご 이치고
살구 あんず 안즈
키위 キウイ 기우이
바나나 バナナ 바나나
메론 メロン 메론
자두 すもも 스모모
레몬 レモン 레몬
파인애플 パイナップル 파이나프루

혼자라서 더 좋아.
음악, 그림, 그리고 내가 있는 곳

# A·K·L·A·B·O

그림과 음악을 좋아하는 손님을 위한 곳, 프랑스 스타일의 케이크와 빵이 있는 곳, 이곳은 A.K LaBo다.

우리 가족은 음악을 매우 좋아한다. 아빠는 일본의 트로트 가수를 좋아해 내가 한국에 갈 때마다 이 가수 저 가수 내가 모르는 80년대 일본 가수의 이름을 말하며 음반을 사오라고 하신다. 올 때마다 항상 CD를 주문하셔서 최근엔 80년대 트로트가 60곡 들어 있는 CD세트를 사드렸더니 이제 만족하셨는지 CD 주문은 그만이시다. 엄마는 MBC 어린이 합창단 출신이신데 지금은 그 전성기를 확인할 길이 없다. 오빠는 아예 음악이 직업인 음악 감독 일을 하니 덕분에 한국에 갈 때마다 콘서트며 뮤지컬 티켓을 공짜로 얻을 수 있는 기회가 자주 있다.

가족이나 친구와 함께 좋아하는 음악을 듣고 소개해 주는 시간은 굉장히 마음을 편안하게 한다. 어떨 때는 집중할 때 음악을 듣기도 하고, 어떨 때는 방해받는 느낌에 끄기도 한다. 음악은 심신을 차분하게 또는 업시켜 주는 묘한 힘이 있어, 음악을 들으며 슬퍼지기도 하고 기뻐지기도 하니 사람 마음을 이렇게 컨트롤하는 음악의 힘이 신기할 따름이다. 제과 일을 하면서 맘에 드는 환경이 있다면 음악을 들으며 일을 할 수 있다는 것이다. 음악을 들으며 일하는 게 익숙한데다 새벽부터 시작하는 일이니 몸이 무겁고 정신이 멍~한 상태에서 출근을 하면, 일을 하다가도 좋아하는 음악이 나오면 흥얼흥얼거리기도 하고 한번 더 듣고 싶을 때는 서슴없이 반복~반복~을 외치며 몇 번이고 좋아하는 음악을 들으며 일을 했었다.

일본에서도 히로시마의 케이크집에서는 라디오를 주로 청취했고, 지금의 케이크집은 직원들이 들고 온 CD를 들으며 일하고 있다. 음악을 고르는 데에도 센스가 필요하다. 아침에는 좀 활기차고 너무 시끄럽지 않은 음악

A.KLABO
GÂTEAUX
TARTE
FOUR-SEC
CHOCOLAT

PÂTISSERIE
1179
PÂTISSERIE
PAIN
VIENNOIS
CAFÉ
THÉ
A.KLABO
GÂTEAUX
TARTE
FOUR-SEC
CHOCOLAT

으로 선곡한다. 점심 식사를 하고 잠이 오기 시작하는 이른 오후 시간에는 신나는 댄스곡을 많이 듣는다. 어떨 때는 락을 좋아하는 셰프가 하드 락을 틀어놓아 분위기를 언밸런스하게 만들기도 하는데, 나는 태어나서 그렇게 심한 하드 락을 하는 뮤지션의 음악은 처음 듣는지라 그 신선함에 많이 웃으며 일하기도 한다.

나는 항상 친구들이 MP3에 넣어준 노래를 그냥 듣는 편인데 같이 일하는 옹짱은 CD를 굉장히 사랑해 월급을 받으면 일본 중고 CD점에 들러 한껏 쇼핑을 한 후 그 다음날 가게의 디제이가 되어 준다. 한 CD가 끝나면 다들 귀 기울여 오늘의 DJ가 어떤 음악을 계속 선곡해 들려줄지 관심을 갖는다. 어느 날은 셰프가 음악에 집착을 하며 전혀 일에 집중을 못하셨다. 열 번은 CD를 바꿨을까. 여전히 맘에 드는 음악을 발견하지 못한 셰프의 모습에 모든 직원들이 웃다 일하다를 반복하며 나른한 오후 시간을 활기차게 보내기도 한다.


뭔가 혼자서 중요한 결정을 해야 하거나 커다란 고민을 누구와도 나눌 길이 없을 때 나는 라보에 간다. 라보는 역에서 떨어져 있는 장소를 감안해 찾아오는 손님들이 천천히 쉬었다 갔으면 좋겠다는 셰프의 뜻대로 컴퓨터를 앞에 누고 일하는 손님, 가족과 함께 와서 오랫동안 이야기를 나누는 손님, 친구와 함께 이런저런 이야기를 나누는 손님, 혼자서 엎드려 자는 손님 등 여러 부류의 손님을 만날 수 있는 곳이다. 편안함 속에서 케이크를 먹을 수 있는 라보의 인테리어에는 특징이 있는데 2층의 전시 그림들이다. 벽에 조리 있게 전시되어 걸려 있는 이 그림들은 그림을 전공하는 사람이나 일반인들이 그린 그림으로 전시를 목적으로 하지만 살 수도 있다. 1층에는 케이크와 빵과 구운 과자들을 작은 공간에 두고 판매하는 것과는 달리, 2층은 넓고 차

분하다. 2층에는 스텝들이 없기 때문에 도시락을 몰래 먹는 손님도 만날 수 있었고 푹 자는 손님들도 있었는데 스텝이 없으니 자연스레 눈치를 볼 필요 없이 편안하고 자유로이 주인 행세를 할 수 있어 더 특별한 공간이 된다. 5명이 앉을 수 있는 쇼파도 있는 반면 혼자 오는 손님들을 위한 1인용 책상 디자인의 테이블도 있어 나 홀로 온 여행객이라면 이곳에 들러 쉬어가면 좋을 것 같다. 전용 개인 책상 같은 테이블은 혼자 오는 손님이 전혀 불편하지 않게 편안히 자리에 앉아 자기만의 시간을 보낼 수 있도록 완벽한 인테리어를 하고 있다.

　장소도 JR 기치초지 역에서 도보로 15분 또는 버스를 타고 다섯 정거장 정도 떨어져 있어 기치초지 근처에서 공원이라든가 상가를 구경한 후 들르기에도 좋다. 걷는 걸 좋아하는 사람은 걸어서, 길 헤메는 게 걱정인 사람은

버스를 타고 찾아와 일기를 쓰거나 스케줄 정리를 하며 자신만의 시간을 편안하게 보낼 수 있는 공간이다.

케이크나 빵으로 배를 채울 수도 있으니 이 얼마나 매력적인 곳인가. 프랑스에서 일한 경험이 있는 라보의 여자 셰프는 프랑스 느낌의 케이크를 최대한 표현하고 싶어 했다. 또한 빨리빨리 일하지 못하는 자신의 스타일을 살려, 지금의 페이스로 조급해 하지 않고 여유를 가지고 일하고 싶다고 말한다. 단시간에 이것저것 만들어 내야 하는 전쟁 속 같은 작업실이 일반적인 제과 공장의 상황이라면, 라보는 그냥 자기만의 시간과 페이스대로 살아가는 젊은 셰프의 마음이 이미 가게 디자인이나 제품에 충분히 반영되어 있었다.


라보의 또 하나의 특징이 있다면 날짜를 정해 가게 2층에서 연주회를 여는 것이다. 연주회 티겟과 음료를 포함해 한화로 2만 원 정도의 가격으로 가게를 찾는 손님들이 멀리 가지 않고도 좋은 시간을 보내게 해 주려는 셰프의 배려심이 담겨 있는 이벤트다. 라보의 케이크는 깔끔한 느낌에 끝맛이 좋아 많은 케이크들을 먹어 보고 싶은 나의 호기심을 가능하게 해 준다. 가게의 느낌이 너무 좋아 혼자 자주 찾게 되는 라보의 간판 메뉴는 푸딩이다. 계란 노른자만 사용해서 만든 푸딩으로 표면은 생크림을 바르고 분당을 뿌려 이름표를 읽지 않고 모양만 보면 치즈 케이크류인가 하고 생각할 수도 있는데, 식감이 아주 부드러워 자주 먹고 싶다는 생각이 절로 드는 디저트 중 하나다.

가끔은 혼자만의 여행이 편하고 좋다. 먹고 싶을 때 먹고 가고 싶은 곳이라든가 모든 것을 나만의 스케줄에 따르니 누구의 눈치도 볼 필요 없고 내 목소리에 최대한 귀 기울일 수 있는 시간이지만, 때론 쓸쓸하기도 하며 고독해질 때도 있다. 그럴 때 억지로 힘을 내기보다는 조용한 라보에서 휴식을 갖고 에너지를 충전해 보자. 분명 으샤으샤해질테니.

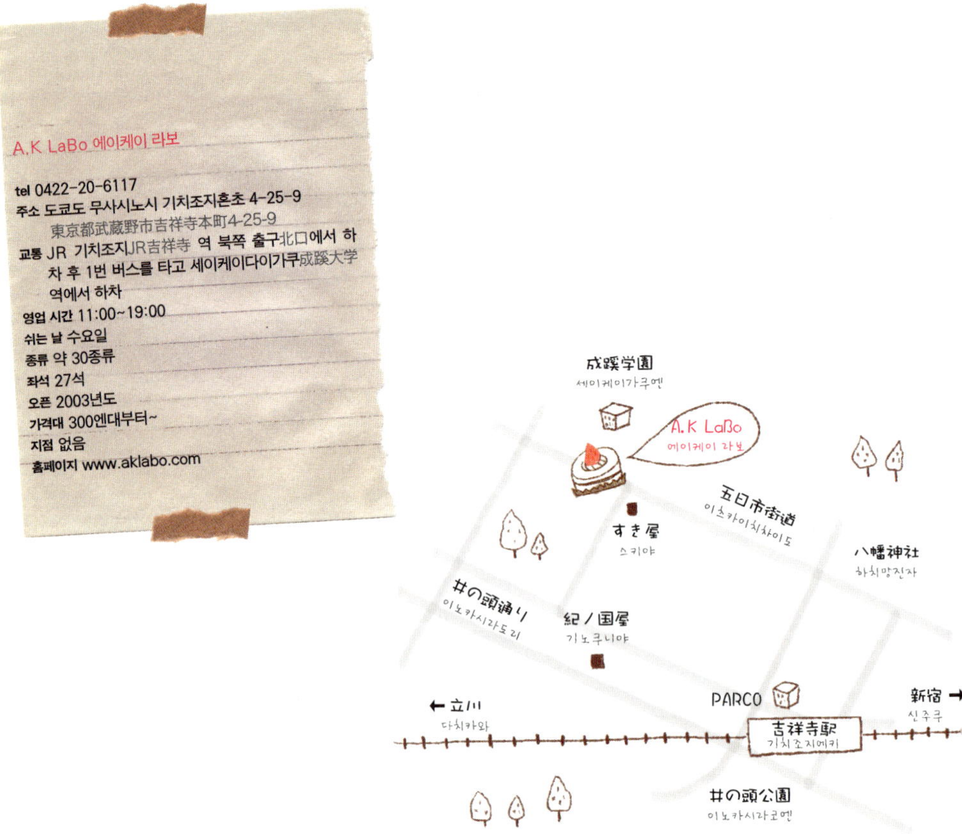

# 푸딩 전문점에 가 보고 싶어하는 사람을 위한 보너스

신주쿠의 이세탄 백화점에 있는 푸딩 데 오루(Pudding d'or)는 푸딩 전문 가게로 전국 각지의 푸딩 전문점이나 레스토랑 케이크집에서 판매되는 푸딩들을 모아 소개, 판매하는 푸딩 전문점이다. 약 20개 이상의 푸딩 종류를 만날 수 있고 홍차맛 푸딩, 딸기맛 푸딩, 치즈맛 푸딩, 부드러운 푸딩 등등 좋아하는 맛을 찾아 골라 먹을 수 있다. 푸딩이 담겨진 병들 또한 예뻐서 먹기 아까울 정도다.

파스텔 푸딩은 일본 국민들이 누구나 아는 푸딩 전문점으로, 전국에 체인점을 두고 있고 도쿄에도 많은 가게가 있어 홈페이지에서 제일 가기 쉬운 가게를 찾아가면 된다. 다이칸야마점은 파스타나 케이크도 판매하고 있고 점포 안에서 먹을 수 있게 편의 시설이 마련되어 있다. 도쿄 나리타 공항에도 파스텔 푸딩점이 있으니 비행기를 타기 직전에 들러보는 것도 좋을 듯하다. 간판 상품으로는 나메라카 푸딩(なめらかプリン)이 있으며 칼로리나 푸딩 종류 또한 홈페이지에 자세하게 소개되어 있다.

**Pastel 파스텔(푸딩 전문점)**
신주쿠 오타큐 백화점(小田急百貨店) 본관 지하 2층 양과자 코너
사이트: www.chitaka.co.jp/pastel
가격대: 315엔~420엔

**Pudding d' or (푸딩 데 오루)**
신주쿠 이세탄 백화점 본관 지하 1층 양과자 케이크 코너
전화: 03-5269-7281
사이트: www.Pudding-d-or.com
E-mail: shinjuku@Pudding-d-or.com

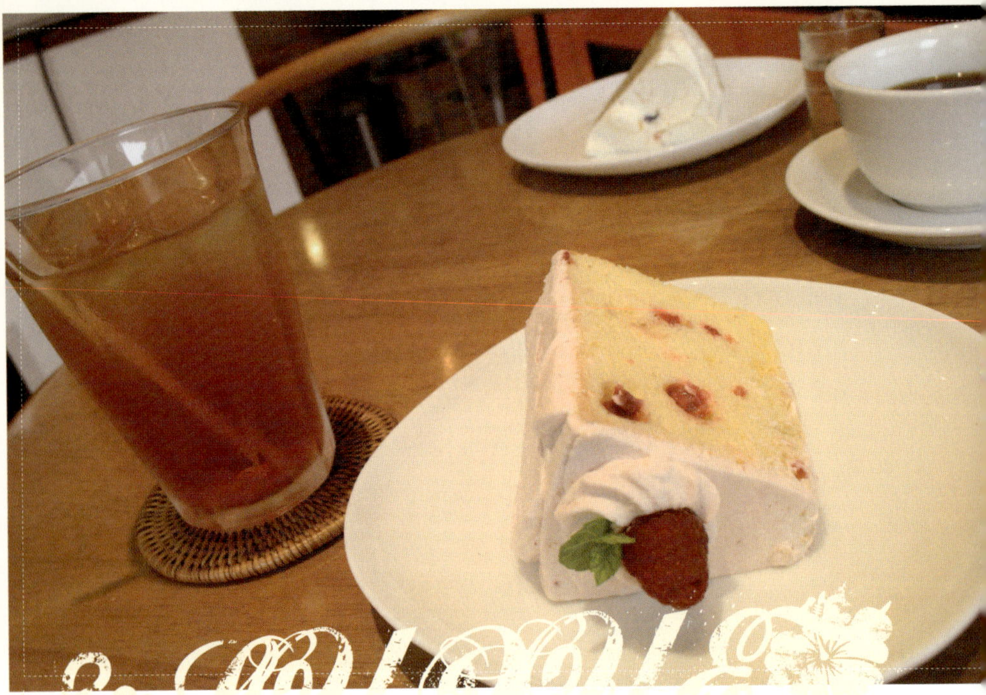

오렌지색 나라의 부드러운 쉬폰 전문점

# 라·파·미·유

쉬퐁 케이크 [chiffon cake]

쉬퐁 케이크(chiffon cake 시퐁 케이크)는 식물성 기름, 달걀, 설탕, 밀가루, 베이킹 파우더 등으로 만든 말랑한 케이크이다.

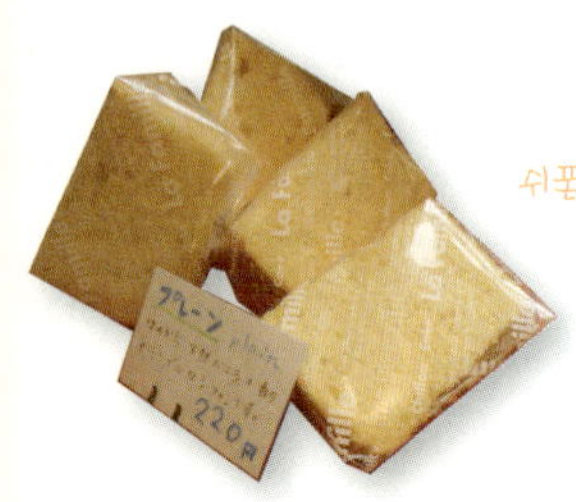

일본은 혼자 살기에 매우 편하게 되어 있는 나라임은 틀림없다. 많은 집이 혼자 살기 좋은 작은 사이즈라 청소하기 쉽고 특히 도시락 문화가 잘 발달되어 있어 어느 시간대든 손쉽게 밥을 먹을 수 있다. 마켓에 가면 냉동 반찬 종류도 많아 전자렌지에 찡~만 해서 편하게 먹을 수도 있다. 그런데다 식당 대부분이 혼자 앉기 편한 카운터가 있어 마음만 있다면 거르지 않고 세 끼니를 먹을 수 있다. 하지만 도시락도, 냉동 식품도, 식당도, 몇 년간 외국 생활을 하는 이에겐 매일매일의 일상은 될 수 없는 일, 며칠 전 아는 오빠에게 전화가 왔다. "너 요리가 취미잖아~, 내가 재료비랑 수고비 다 줄 테니까 반찬 좀 정기적으로 만들어 주면 안 되겠니?" 전화로 반찬을 부탁할 정도니 얼마나 따뜻한 손반찬들이 그리웠으면…….

그와는 반대로 이때다 싶어 자기만의 요리를 개발하는 사람도 많다. 동경제과학교 2학년 때 나랑 같은 조였던 한 오빠는 혼자서 요리 개발에 굉장히 취미를 붙였는데 항상 늦은 시간까지 요리를 하고 집에서 혼자 뿌듯해하며 먹고, 만들고, 또 먹고 하기를 반복하며 자기만의 요리 노하우를 쌓았다. 그런 그에게 '우리는 동경제과학교를 자퇴하고 하토리 학교에 가보지 그래?'라며 경쟁자를 한 명이라도 줄이기에 전념했었다.

가끔은 주말에 우리를 집에 초대해서 갈고닦은 요리 솜씨를 보여 주기도 했는데, 오빠의 메인 요리는 파스타 2~3종류에 우유와 해물이 듬뿍 들어간 해물 리조또 같은 이탈리아 요리였다. 4명이서 먹으러 가는데도 우리의 위 크기를 아는지 십 인분은 족히 되어 보이는 양을 선보인다. 그렇게 준비해 주는 손길이 고마워 우리는 어떤 디저트를 사갈까 고심하다 마침 오빠 집이 이케부쿠로에서 다른 지하철로 갈아타야 하니 이케부쿠로에 있는 쉬폰 전문 케이크집에서 쉬폰을 사 가기로 했다. 역에서 멀지 않은 곳에 있는 라파미유

La Famille
Chiffon Cakes

를 방문했다. 쉬폰 케이크 전문 가게는 도쿄에서 이곳 하나뿐인데 일반적인 케이크 가게에선 만나기 어려운 쉬폰 케이크지만 라파미유는 쉬폰 천국이라 할 수 있다.

라파미유의 쉬폰 케이크는 부드러운 맛도 맛이지만 첨가물을 사용하지 않는다는 큰 특징이 있다. 이 정도 높이의 쉬폰 생지를 만들려면 기본적으로 베이킹 파우더(부풀려 주는 역활)를 넣는 게 기본이지만 이곳에서는 오로지 재료를 믹서에 돌린 그 힘만으로 이 쉬폰 부피를 만들어 낸다고 하니 참 대단한 기술이다. 오빠의 집에 디저트로 사가게 된 것을 계기로 그 맛을 못 잊어 자주 찾아갔었는데 쉬폰 생지가 굉장히 부드러운 느낌이라 두세 개는 기본으로 먹게 된다. 특히 홍차 쉬폰 케이크는 홍차의 끝맛이 굉장이 깔끔해 셰프에게 물어 보니 재료로 쓰는 홍차가 일반 홍차보다 오렌지 필이라든가 좀 더 산미가 더해진 후르츠 계열의 홍차를 사용하기 때문이란다. 홍차에 관심이 많아 살 수 없냐고 물었더니 홍차도 매장 한쪽에 진열되어 있어 언제든지 구입할 수 있게 되어 있었다.

케이크 메뉴를 보면 홍자 쉬폰 케이크나 커피 쉬폰 케이크, 초코 쉬폰 등등 4계절 내내 판매하는 제품이 있는가 하면 봄에는 사쿠라 쉬폰 케이크, 여름에는 블루베리 쉬폰 케이크부터 과일을 사용한 쉬폰 케이크들, 가을에는 밤이나 호박으로 만든 쉬폰 케이크들을 계절 상품으로 내놓아 1년 내내 색다르게 먹는 재미를 느낄 수 있다. 이곳의 노리코 셰프는 일본식이 아닌 20년 전에 미국 사람에게 배운 아메리카식으로 쉬폰 케이크를 만든다. 또한 베이킹 파우더를 넣지 않고 보통 쉬폰의 높이까지 끌어 올리는 것을 개발하려고 많은 노력을 했다고 한다. 속재료로 밤이나 호박, 야채, 그리고 과일, 고구마가 들어가는 제품은 반죽은 가볍지만 들어가는 재료가 무겁기 때문에 만들고 나서 구울 때 잘 부풀지 않거나, 잘 부풀게 구웠다가도 식혔을 때 가라앉는 확률이 굉장히 높다. 하지만 그 실패를 성공으로 끌어올리기까지 많은 실험을 거듭했다고 한다. 쉬폰 제품 이외에는 '슈크림'이 있는데 표면에 아몬드 슬라이스가 뿌려져 있는 슈는 크림에 비밀이 숨겨져 있다. 카스카드 크림엔 생크림이 들어 있지 않아 무거운 면도 있지만 크림에 광이 나며 부드럽다. 일반적으로 카스타드 크림에는 바닐라빈을 첨가하는데 그 흔적이 보이지 않아서 셰프에게 물어봤더니 바닐라빈의 맛보단 좀 더 오렌지 맛의 상큼한 쪽으로 카스타드의 느낌을 살렸다고 한다. 지금까지 많은 슈를 먹어 봤지만 가게 초반부터 메뉴로 자리를 쭉 지켜왔다는 슈가 신선하게 다가왔다. 오렌지색 간판이 눈에 띄는 라파미유의 폭신폭신한 쉬폰 케이크! 절대 잊지 못할 것이다.

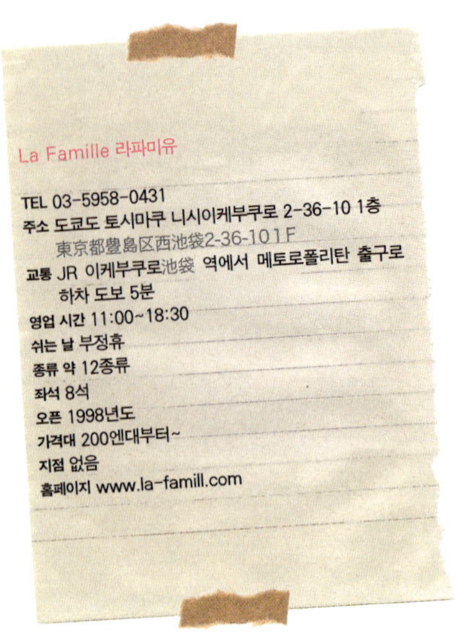


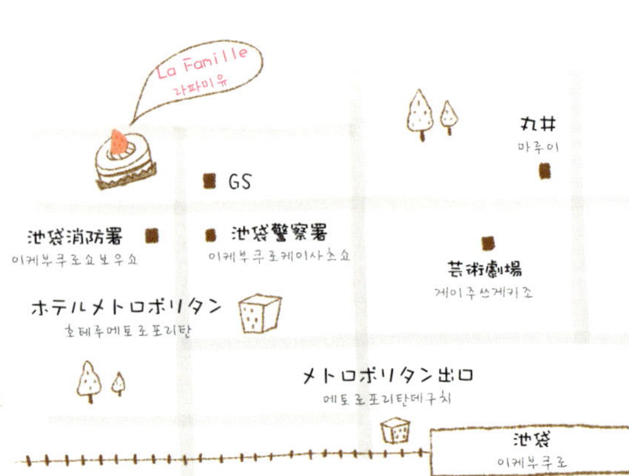

# 쉬폰 케이크의 역사

쉬폰의 짧은 역사는 이렇다.

1927년에 해리 베이커(Harry beaker)에 의해 만들어진 쉬폰 기술은 일반인들이 아닌 할리우드 스타들이 가는 레스토랑이나 부유층 사람들의 주문에 의해서만 만들어져 판매되었는데 해리 베이커는 20년 가까이 쉬폰 케이크의 레시피와 기술을 사려는 사람들에게 기술과 레시피를 가르쳐 주지 않고 독점 판매한 결과 근대 100년 사이 최고의 케이크 레시피라는 타이틀을 갖게 되었다고 한다.

한데 라파미유 가게의 레시피와 기술은 가게만의 재산으로 꽁꽁 숨겨 두지 않고, 현재 매주 쉬폰 베이킹 수업과 책과 DVD로 많은 사람들에게 기술을 가르쳐 주고 있다.

나도 라파미유의 책을 가지고 있는데 일본어를 안다면 꼭 한 번 도전해 볼 만한 제품들로 가득하다. 예전에 한국에서 온 손님 중에 이곳의 케이크를 먹어 보고 베이킹 수업을 배워서 한국에서 가게를 차리겠다고 하시는 분이 있어 그분에게는 더 많은 케

이크 기술을 가르쳐 주었다고 말하는 셰프에게서 인심 좋은 쉬폰에 대한 열
정을 느낄 수 있었다.


라파미유에는 3종류의 베이킹 수업이 있다.

★ 입문 코스(기본 쉬폰 제품)-4시간: 126,000엔

★ 실습 코스(가게 메뉴 케이크 중 1가지)-2시간 반: 10,500엔

★ 특별 코스: 가게를 내려고 하는 사람이나 단시간에 쉬폰 기술을 배우
　　　려는 사람을 위한 코스(일대일 수업, 수업비는 상담 후 결정 )

# 야채남 고기녀의 데이트 장소
# 포·타·제

채소 [菜蔬, vegetables]
신선한 상태로 부식 또는 간식에 이용되는 초본성의 재배식물. 일반적으로
수분이 많으며 저장이 곤란한 것이 많다. 다만 산야에서 채집한 비재배식물,
즉 산채(山菜)는 채소에 포함되지 않는다. 한국에서 재배되고 있는 채소의 종류
는 60여 가지로, 대부분이 문화 교류에 의해 외국으로부터 들어왔다.

　　야채를 좋아하기 시작한 건 일본에서의 생활이 익숙해질 때쯤이었다. 의사가 체질상 맞지 않는 돼지고기를 그리도 삼가하라 했건만 의사 선생님의 말을 무시한 채 아침부터 삼겹살에 마늘장아찌를 곁들여 상추에 싸먹고 학교에 등교했던 기억들이 생생하다. 그렇게 고기를 즐기던 나인데, 일본에서 만났던 남자 친구(한국인)가 야채를 너무 좋아하는 채식주의자였다. 고기라곤 입에도 안 대는 그 친구는, 그 덕에 군대에서 많이 고생했다고 했다. 야채를 너무 좋아하는 그 친구 때문에 나는 고기에 대한 열정을 보일 수 없었지만, '호진아 저녁 뭐 먹을까?' 하면 돈가스, 고기 덮밥, 샤브샤브 이런 고기 요리만 먹고 싶어지는 걸 어쩌랴.

　　가끔 친구들을 불러 돼지고기 두루치기를 만들어 줄 때면 다른 사람들은 잘만 먹는데, 상추 두세 장에 고기는 보이지도 않게 싸먹고 있는 그 친구를 보면 좀 속상하기도 했다. 고기 요리가 특기인 나는 고기 요리는 이것저것 잘 만드나 그 쉬운 샐러드는 제대로 만드는 게 없다. 사실 요리는 센스가 굉장히 요구되는 작업이라고 생각한다. 냉장고 안에 있는 재료들과 장봐 온 재료들을 잘 활용한 재료 궁합은 뜻하지 않은 근사한 요리로 이어지게 한다. 그래서 어떤 재료를 같이 만나게 해서 요리를 할까~ 하는 고민은 요리를 하는 내내 머리를 굴려야 하는 재미있고 까다로운 포인트가 되기도 한다. 그러다 보니 야채男 고기女의 만남 덕분에 고심고심하며 고기와 야채가 듬뿍 들어간 요리를 자주 개발하고 만들어냈다. 습관이 무섭다고 그 덕에 나는 이제 고기를 먹을 때 야채가 없으면 안 된다. 정말이지 반 년 만에 신기하게도 식당에서 샐러드를 추가 주문하는 여자가 되었고 그는 고기의 영양 덕분일까 몸이 많이 두꺼워졌다(?).

　　지금 일본은 야채 열풍이다. 요리책 보는 것을 워낙 좋아해 일을 마친 후 서점에서 요리책 구경으로 휴식을 취하고, 월급날에는 찍어 두었던 책들을 사며 기쁨을 누리는 일이 꽤 오래된 나의 습관 중 하나인데, 요즘은 요리책 코너가 온통 야채밥, 베스트 야채 반찬, 야채만 사용한 요리 등등 책 이름에 야채를 넣은 책들이 많은 자리를 차지하고 있어 야채에 관한 일본인의 뜨거운 관심을 느낄 수 있다. 낮은 칼로리에, 자연의 맛과 덩달아 몸에도 좋으니 야채를 가까이 하는 버릇을 하기 시작하면 손해 볼 일이 없다.

　　그런 야채를 난 한 번도 디저트와 함께할 수 있다고 생각해 본 적이 없었다. 하지만 근래 디저트 코너에도 야채 케이크, 야채 디저트라는 이름으로 책이 나와 있다. 그 책의 작가는 포타제의 셰프가 낸 책들이 대부분인데 스물 아홉 살에 포타제라는 일본에서 처음으로 야채만을 전문으로 한 야채 케이크 전문점을 내고, 이제 2년이 된 가게는 짧은 기간에 많은 사람들에게 그 이름을 알렸다. 다소 흔하지 않은 '야채'라는 콘셉트로 일본의 많은 프로그램에서 가게가 소개됐고 디저트 책이나 요리 잡지책 어디든 포타제라는 가게가 실려 있지 않은 책이 없었다. 포타제의 셰프는 역시 젊은 여자 셰프답게 매체를 잘 이용해 사람들에게 좀 더 익숙해지고 친근해질 수 있도록 많이 노력했다. 투박할 수도 있는 야채들을 멋진 케이크가 되게끔 디자인도 신경을 썼으며 특히 재료는 방부제나 식용 색소를 사용하지 않고 영양가가 높은 사탕무로 만든 첨채당이란 설탕을 사용하고, 밀가루 역시 100% 국산제, 계란도 역시 유정란을 사용하는 등 야채와 함께 사용되는 다른

재료들마저 건강에 포인트를 줌으로써 '먹고 건강해졌으면 좋겠다'라는 셰프의 생각을 케이크에 잘 표현했다. 그런 셰프의 마음이 많은 사람들에게 전해진 걸까. 점점 늘어가는 손님들로 가게는 바쁜 하루하루를 보내고 있었다.

포타제의 셰프, 그녀는 프랑스에서 프랑스 요리를 전공하고 일본에서 레스토랑을 냈는데 그 레스토랑 메뉴엔 오로지 야채로 된 요리만 있었고 마지막으로 나오는 디저트까지 야채로 만든 디저트를 냈다고 한다. 그것을 계기로 좀 더 깊이 생각한 셰프는 야채 디저트 전문점을 일본에 처음으로 오픈했다. 딸기가 아닌 토마토를 이용한 쇼토 케이크를 만들고 파프리카, 아보카도, 우엉, 당근, 옥수수 같은 야채를 재료로 사용했기 때문에 처음 가게를 오픈했을 때는 "딸기 케이크는 없나요?" 하고 물었던 손님들도 시간이 지날수록 가게의 메뉴를 받아들이기 시작했다고 한다. 맛을 보면 '어? 야채로도 케

이크가 만들어지네?'라고 느낄 수 있을 만큼 전체적으로 설탕의 양을 줄이고 각 케이크에 들어가는 야채의 맛을 살려 고유한 야채의 맛을 좀 더 느끼게끔 만들었다. 강한 야채 맛과 함께 들어간 재료들의 향이 잘 조화를 이뤄 케이크라기보다는 건강 디저트 같다는 느낌이 든다.

학교에 다닐 때 포타제를 텔레비전에서 본 1학년 후배가 내게 찾아와 이곳은 어떻냐고 물어보기도 했었는데 야채의 맛과 향을 좋아하는 사람은 참 좋아할 만하고 케이크 재료에 관해 공부가 되니 꼭 한번 가 보라고 조언해 주었었다. 엄마가 자녀들에게 간식으로 준비해 주면 딱 좋을 것 같은 케이크가 가득하고 내가 엄마 아빠와 함께 있다면 사드리면 좋겠다는 생각도 했었다. 야채를 좋아하는 사람이나, 야채보단 고기가 더 좋은 사람이나, 건강에

대해 조금이라도 관심이 있고 일본의 야채 케이크라는 새로운 장르를 연 포
타제에 조금이라도 관심이 간다면 한번 가볼 것을 추천한다.

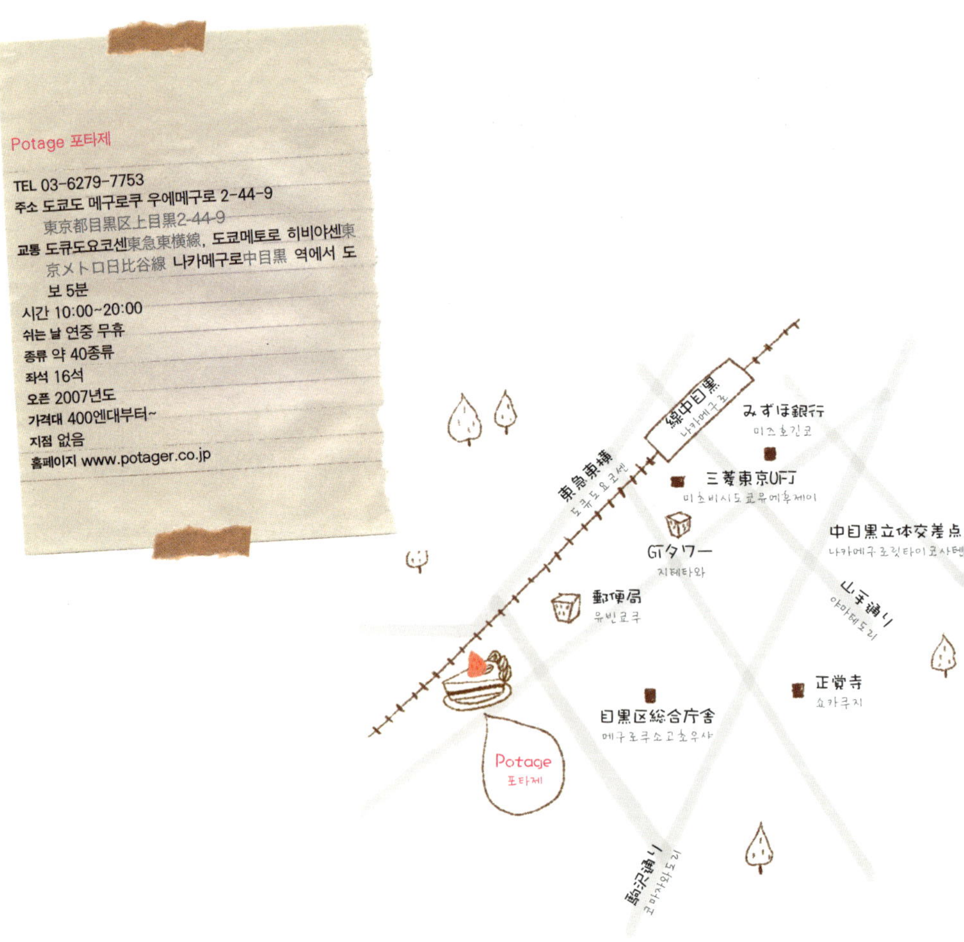

カボチャバー
玉ネギクッキー
チーズ&ソルトクッキー
¥470

Potager

Potager

野菜畑シュークリーム
¥990

# 야채 일본어

야채 재료가 가득한 포타제에 갈 때 알아 두면 좋은 야채 종류이다.

| 당근 | にんじん(人参) 닌진 |
| 부로콜리 | ブロコリ 부로코리 |
| 호박 | カボチャ 가보차 |
| 토마토 | トマト 도마토 |
| 연근 | れんこん 랜콘 |
| 깨 | ごま 고마 |
| 고구마 | さつまいも 사쓰마이모 |
| 계피 | けいひ 게이히 |
| 옥수수 | とうもろこし 도우모로코시 |
| 콩 | まめ(豆) 마메 |
| 아보카도 | アボカド 아보카도 |
| 우엉 | ごぼう 고보 |
| 무 | だいこん 다이콘 |
| 벌꿀 | はちみつ 하치미쓰 |
| 양파 | たま(玉)ねぎ 다마네기 |
| 파프리카 | パプリカ 파프리카 |

| 검은깨 | くろごま(黒胡麻) 구로고마 |
| 감자 | じゃがいも 쟈가이모 |
| 알로에 | アロエ 아로에 |
| 시금치 | ほうれんそう 호렌소 |
| 단호박 | 飴力ボチャ 가보차 |
| 양배추 | キャベツ 캬베쓰 |
| 가지 | なす(茄子) 나스 |
| 피망 | ピーマン 피만 |
| 죽순 | たけのこ(筍) 다케노코 |
| 송이버섯 | まつたけ(松茸) 마쓰타케 |
| 표고버섯 | しいたけ(椎茸) 시이타케 |
| 아스파라거스 | アスパラガス 아스파라가스 |

# 책갈피로 써도 좋아!
## 예쁜 명함들

케이크 가게들을 돌아보니 예쁜
케이크 모양만큼이나 명함도 예
뻤다. 책갈피나 작은 카드로 쓰
기에도 좋을 디자인을 살펴보자.

오다후지

西洋菓子
お・だ・る・じ
Nous sommes contents et fiers de ces gâteaux, cuits dans notre four,
qui est un partenaire apprécié de nos pâtissiers.

Oak Wood
菓子工房
966-51 HACCHOME KASUKABE SAITAMA
JAPAN, ZIP344-0006

오크우드

다카기

LE PATISSIER TAKAGI
TAKAGI
LE PATISSIER
LE PATISSIER
TAKAGI®

마쓰노스케 N.Y

茶寮
都路里
つ
じ
り

Matsunosuke
FRIENDSHIP SWEETS
www.matsunosukepie.com

쓰지리

A.K LaBo
pâtisserie +Café et Galerie
A.K Labo
PÂTISSERIE
에그르듀스
Pâtisserie Française
maison fondée en 2004
Aigre-Douce
와코
WAKO
THÉOBROMA
www.theobroma.co.jp
데오브로마
스쿠우
PÂTISSERIE
suzue
JIYUGAOKA
라파미유
La Famille
Chiffon · Cakes

オーガニック ベジタブル スイーツ
パティスリー ポタジエ
pâtisserie
Potager

포타제

카페로타

LAVINIA
Tea Room
라비니야

銀座 ぶどうの木
부도노키

AU BON VIEUX TEMPS
오봉뷰탕

シチリア
SICILIA

2,730

ホワイトチョコとミルクチョコのムース
フランボワーズのジャム入り絶妙なバランス

Sweet Cake 6
다하지 못한 이야기
Nous sommes contents et fiers de ces gâteaux, cuits dans votre four, qui est un partenaire apprécié de nos pâtissiers.

화려한 기분을 느낄 수 있는

# 앙·리·샤·르·팡·티·에

앙리 샤르팡티에는 긴자에 있는 만큼 외관부터 남다
르다. 마치 다른 세계에 온 것 같은 기분이 들게 하는 앙리
샤르빵티에. 나는 가끔 가게 이름이 생각나지 않을 땐 일본
인 친구에게 "왜 있잖아, 긴자에 있는 케이크집 중 외관이 되
게 화려하고 좋아 보이는 거기 있잖아~." 하면 바로 "아~ 앙리 샤
르팡티에~"라고 나온다. 역시 한국 사람 눈이나 일본 사람 눈이나 다 같이
이 외관은 좀 유별난가 보다.

케이크집 가게 외관과 내부 인테리어에 이렇게 투자할 만하나 하겠지
만 앙리 샤르팡티에는 그 고급스러운 색깔을 긴자에서 당당히 내뿜고 있다.
그럼 케이크 가격대는 어떨까? 의외로 케이크 가격은 비싸지 않고 어느 케이
크 가게의 가격과 같은 일반적인 가격이라 놀라지 않을 수 없다. 가끔 화려한
긴자 거리를 걷다 보면 많은 사람들이 명품 가게에서 쇼핑을 즐기는 모습을
많이 보게 되는데 나만 그 화려함 속에 동화되지 않아 좀 주눅이 들 때가 있
다. 그럴 때면 저렴하면서도 화려한 기분을 느낄 수 있는 앙리 샤르팡티에가
제격이다.

이곳에 가면 나도 '긴자를 즐긴다'라는 느낌을 가질 수 있어 집에 돌아
와서도 히죽히죽 기분 좋게 웃게 된다. 긴자에 크게 볼 일이 없어 특별한 일
이 이니고는 사주 가지 않지만 나는 앙
리 샤르팡티에를 이용하러 신주쿠
이세탄 백화점 양과자 코너에 자
주 들르는 편이다. 앙리 샤르팡티
에는 이세탄 백화점에서도 아주
긴 쇼케이스를 가지고 있는데 나는

이곳의 롤케이크를 좋아한다. 가격도 저렴하고 맛도 좋아 손님이 집에 오는 날이나 조금 덜 친한(?) 친구의 생일 케이크를 살 땐 1000엔이 조금 넘는 롤케이크가 제격이다. 이곳은 전국 백화점 47곳에 가게를 가지고 있는 만큼 그 규모가 어마어마한 케이크 회사로, 많은 손님들이 백화점 지하에 있는 양과자 코너에서 제품을 구입하는 모습을 자주 볼 수 있다. 앙리 샤르팡티에는 화려한 색깔과 어울리는 깔끔한 디자인으로 매력 있는 케이크 디자인을 하고 있다. 살다 보면 언제나일 순 없지만 가끔은 특별해지는 자신을 느낄 수 있는 앙리 샤르팡티에에서 기분 좋은 하루를 지내 보자.

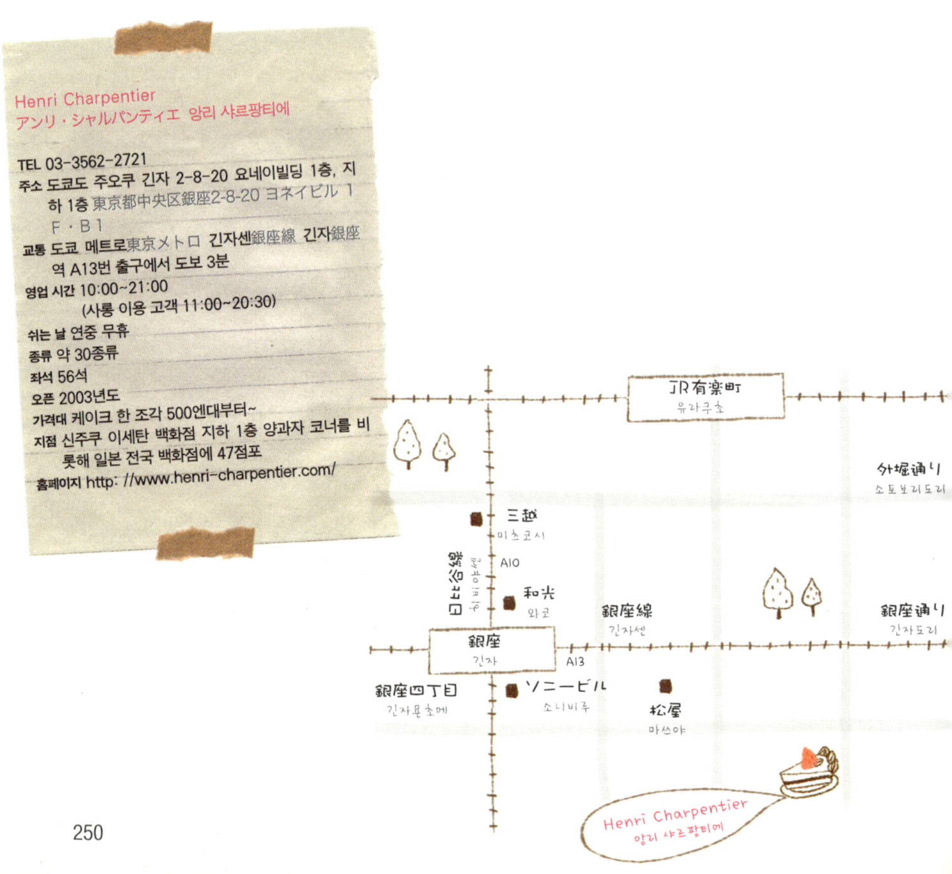

어른들을 위한 케이크
# 와·코·초·콜·릿·숍

누구에게나 첫사랑의 그리움이 있질 않은가. 나 또한 이루어지지 않은 첫사랑이 있다. 너는 하얀 얼굴에 안경을 쓴 차분하지만 밝은 아이였지. 나도 학생이고 너도 학생이었고 4살의 나이 차이가 아무것도 아니라고 하기엔 내가 너무 어렸었잖아. 몇 년이 지났지만 너에 대한 것들 중 아직도 기억하는 게 있어. 네 핸드폰 번호는 잊어버렸지만 너의 핸드폰 뒷자리 숫자가 지금의 내 모든 비밀번호가 되어 버렸지. 인터넷에서 너를 찾아보다 흔한 니 이름을 원망했었어.

니가 좋아하던 초콜릿 케이크를 기억해. 기억 나니? 발렌타인데이에 초콜릿이 아닌 초콜릿 케이크를 선물한 거. 그리고 너는 화이트데이 때 오빠와 동생 사이로 지내자는 편지를 사탕과 함께 주었지.

시간이 한참이 흘러 너에 대한 것들이 내 의지와는 상관없이 잊혔는데, 그런데 이곳에 와서 니 생각이 났어. 술맛으로 단맛과 쓴맛의 균형을 잡아 준 어른들을 위한 초콜릿점에서 초콜릿 케이크를 먹는데 나도 이런 어른들을 위한 케이크를 먹을 수 있는 나이가 되었다고, 네 말을 이해 못하는 그런 나이는 아닐 거라고 이야기해 주고 싶었어.

너와 계속 알고 지냈다면 이곳에 데려와 너에게 칭찬받았을 걸 생각하니 부끄러워지기도 했어. 오랜만에 괜찮은 초콜릿 케이크집을 발견하고 나반 좋으러니 니 생각이 났어. 그런데 아직도 초콜릿 케이크를 좋아하니? 길을 가다 만날 수도 있을까? 그런 우연이 존재한다면 널 여기로 안내해 주고 싶어.


가물가물한 첫사랑을 데려오고 싶을 만큼 분위기도 차분하고 어른들이 선호할 만한 초콜릿과 초콜릿 케이크가 있는 와코는 긴자에선 존재감 있는 가게로 통한다. 와코는 초콜릿점만 가지고 있는 것이 아니라 옆 빌딩 1층과 2

층엔 와코 케이크점도 가지고 있으니 긴자에 간다면 꼭 한번 방문해 보도록
하자.

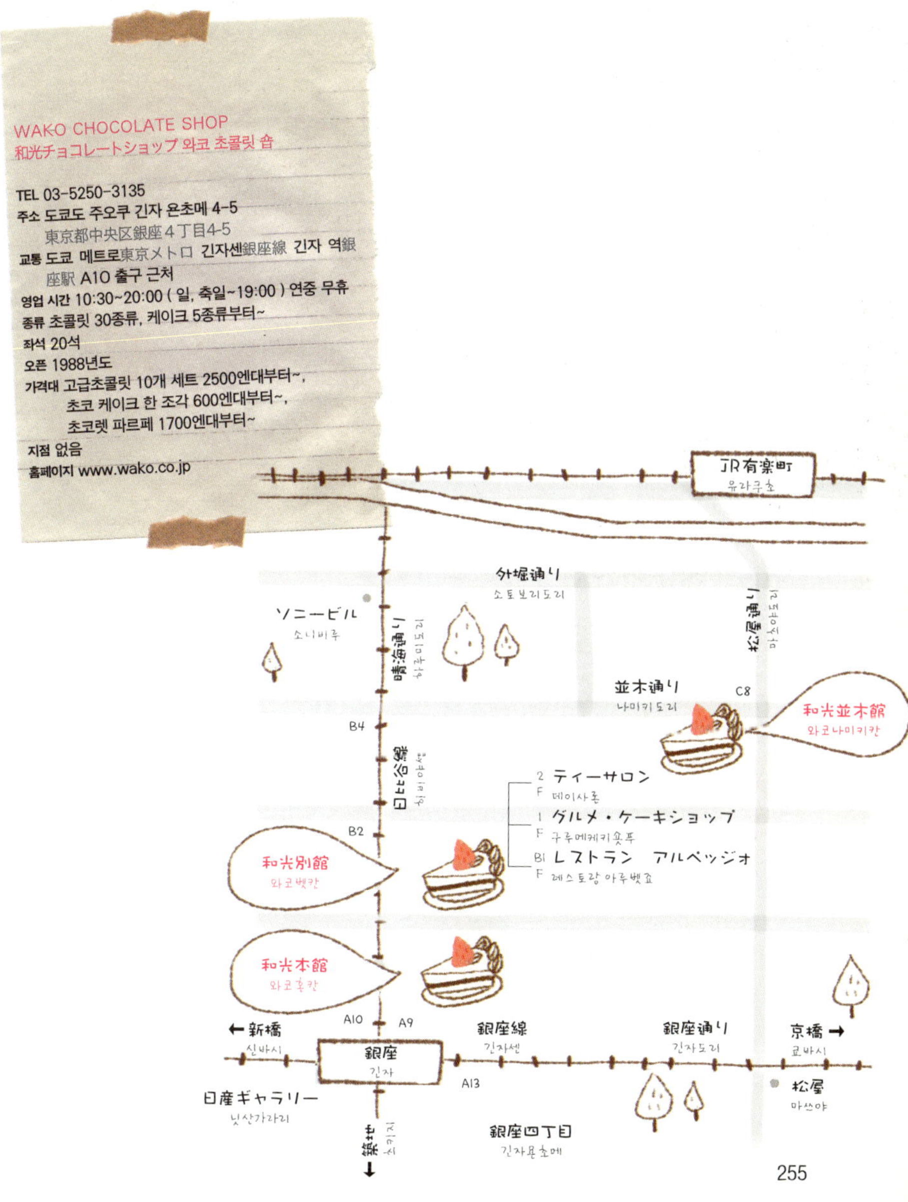

# 그날의 한 입이 더 그리운
# 토·시·요·로·이·즈·카

언제나 긴 줄로 인해 입구가 도대체 어디 쯤인지 알 수 없는 일이 흔한 토시의 케이크를 처음 먹어 본 건 2년 전 4총사로 지낸 한 언니의 생일날이었다. 일본 친구들이 토시의 유명세를 잘 나타내 주는 긴 줄의 지루함을 이겨 내고 사 온 여러 종류의 토시 조각 케이크들로 언니의 생일을 축하해 주었다. 우리도 일본 친구들에게 질세라 통닭이며 피자를 주문했고 언니는 우리에게 그 귀한 LA 갈비와 퀼훼본의 케이크를 대접해 주었다.

이것저것 실컷 먹고 나서 마지막을 장식했던 토시 케이크의 첫 맛은 사실…… '잘 모르겠어'였다. 언니의 생일을 축하하러 온 여러 명의 친구들과 나눠 먹느라 한 입 이상 먹질 못했으니 그 포크 전쟁에서 진지하게 케이크 맛에 신경이나 쓸 수 있었겠는가.

개인적으로 나는 케이크는 반 이상 먹어 봐야 답이 나올까 말까 하는데 그날 먹은 한 입으론 토시에 대한 케이크 느낌을 정리할 수 없었다. 그 후로 친구들이 '혹시 토시 케이크는 먹어 봤니?'라고 물을 때면 '먹은 게 먹은 게 아니였어~'라고 대답하곤 했다. 텔레비전 출연을 좋아하는 셰프의 특성상 텔레비전에서 토시의 케이크가 나올 때마다 '제대로 다시 먹어 봐야지, 먹어 봐야지' 하며 주문을 외우곤 했었다.

그러다 드디어 토시에 간 날, 그날의 한을 풀겠다는 듯이 혼자서 많은 조각 케이크들을 사서 배부르게 먹었다. 유명한 만큼 맛도 깔끔하고 좋은데 그런데 정말 이상한 게, 겨우 한 입을 먹었던 그날의 그 한 입이 더 그립다.

지금은 롯폰기와 에비스에서 언제든지 실컷 사 먹을 수 있는 여유가 생겼지만 학생 때 그 귀한 한 입의 토시 케이크의 맛이 더 인상 깊게 남는 건 왜인지 모르겠다.

기억나지 않는 토시의 그리운 케이크 맛은 사람과 사람의 만남 속의 맛인가 보다. 애들아, 언제 다시 한번 모여 그때처럼 포크 싸움을 하면서 다시 먹어 보자. 이번에 올 땐 한 30조각 정도 사오면 좋을 것 같은데~

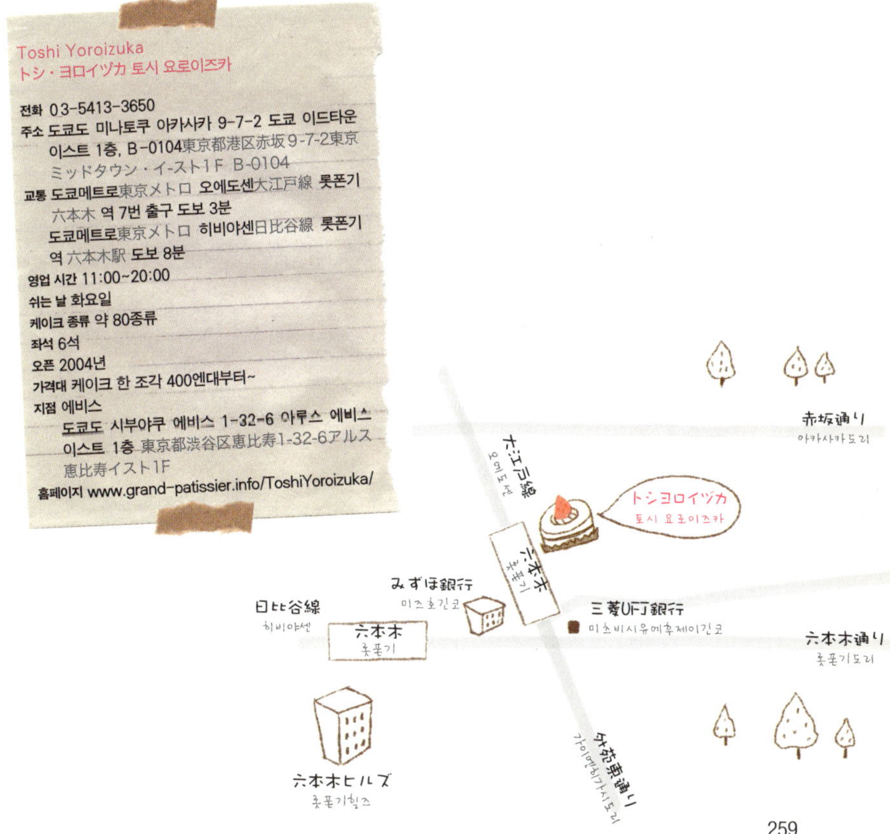

**Toshi Yoroizuka**
トシ・ヨロイヅカ 토시 요로이즈카

전화 03-5413-3650
주소 도쿄도 미나토쿠 아카사카 9-7-2 도쿄 이드타운 이스트 1층, B-0104 東京都港区赤坂 9-7-2 東京 ミッドタウン・イースト 1F B-0104
교통 도쿄메트로 東京メトロ 오에도센 大江戸線 롯폰기 六本木 역 7번 출구 도보 3분
도쿄메트로 東京メトロ 히비야센 日比谷線 롯폰기 역 六本木駅 도보 8분
영업 시간 11:00~20:00
쉬는 날 화요일
케이크 종류 약 80종류
좌석 6석
오픈 2004년
가격대 케이크 한 조각 400엔대부터~
지점 에비스
도쿄도 시부야쿠 에비스 1-32-6 아루스 에비스 이스트 1층 東京都渋谷区恵比寿1-32-6アルス 恵比寿イスト1F
홈페이지 www.grand-patissier.info/ToshiYoroizuka/

사랑스러운 케이크 밀푀유가 가득한

# 피·에·르·에·르·메
# 파·리

수많은 케이크 종류 중 내가 제일 사랑하는 것으로 나는 밀푀유를 꼽는다. 심플한 디자인에 시간이 지나면 눅눅함이 느껴져 구입한 그날이 최고의 맛을 자랑하는 밀푀유. 그런 밀푀유를 처음 맛본 건 히로시마 케이크집에서 일할 때였다.

셰프가 아침마다 밀푀유를 자르며 남은 부스러기에 크림을 항상 묻혀 주셨는데 우리나라 같으면 새 케이크를 그냥 내주며 먹어보라고 할 일이지만 일본의 케이크집에서는 절대 불가능한 일이니 그 부스러기 케이크도 감사하고 맛있게 먹었다. 밀푀유는 유난히 다른 케이크보다 버터 향이 케이크에서 끊임없이 풍긴다. 물론 버터를 겹겹이 싼 생지의 특성상 당연한 것이기도 하지만 먹기 전부터 풍기는 버터 향으로 배를 한 번 채우고 나서 한 입 한 입 먹기 시작하는데 바삭바삭한 페스트리 생지에 부드러운 크림이 사이 사이 샌드되어 디자인과 맛이 아주 좋은 조화를 이룬다.

밀푀유가 생각날 때면 찾아가는 피에르에르메 파리는 밀푀유의 크기도 크고 가격도 비싼 편이라 조금은 부담스러운데 그 맛을 아는 사람이라면 누구나 이세탄 백화점 별실에 있는 피에르에르메를 그냥 지나칠 수 없다. 눈이 빠지게 이것저것 구경하고 나서야 구입하는 나는 집에서 혼자 먹는 케이크 타임을 즐긴다. 유난히 크기도 큰 피에르에르메의 밀푀유와 두세 가지의 케이크를 혼자서 다 먹고 나면 케이크 앞에서의 절제가 무색한 내가 미워진다. 피에르에르메의 밀푀유엔 생지 사이에 카스타드 크림, 땅콩 크림이 샌드되어 있는데 한국 사람 입맛에는 조금 느끼할 수도 있다. 하지만 반 이상 못 먹을 것처럼 하다가도 결국은 깨끗이 다 먹게 된다.

피에르에르메를 쉽게 만날 수 있는 곳은 신주쿠에 있는 이세탄 백화점 지하 1층 별실이다. 영화 '마리 앙투아네트'를 보았는가? 그 영화 속에 등장

PIERRE HERMÉ
PARIS

하는 모든 케이크가 바로 피에르에르메에서 만든 케이크들이다. 이 영화를
보는 순간 피에르에르메의 밀푀유 말고도 많은 케이크가 먹어 보고 싶어질
것이다. 가게 안엔 쿠키 종류와 베스트 아이템인 마카롱이 예쁘게 포장되어
있으니 선물로도 추천한다. 프랑스인 셰프인 피에르 씨는 프랑스에서 스위
츠계의 피카소라 불리며 집안 4대째 파티쉐 직업을 이어 오고 있는데, 일본
에서 프랑스의 맛을 느껴 보고 싶다면 꼭 한번 들러 보자.

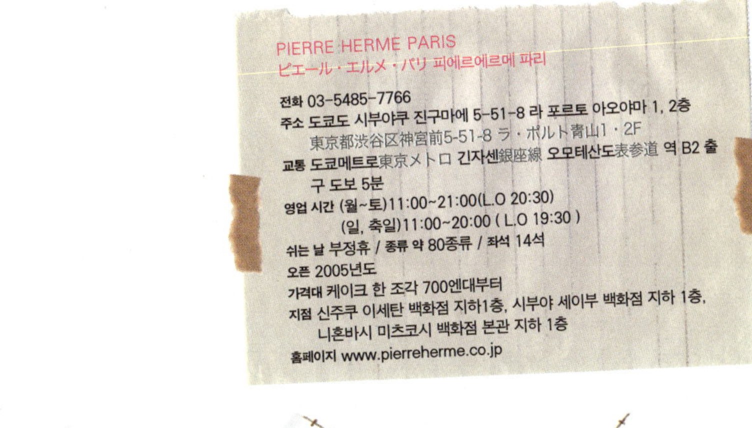

나도 모르게 케이크에 중독되어 버리는 곳

# 피오렌티나·페스트리· 부티크

일본의 아키하바라에 가 보면 게임이나 만화 애니메이션에 빠져 아저씨형 안경에 셔츠와 배바지, 그리고 큰 가방을 멘 아저씨들을 많이 볼 수 있다. 일명 '오타쿠'라 부르는데 마니아와 비슷한 뜻을 가진 단어지만 오타쿠란 말을 들었을 때 기분 좋아하는 사람은 그리 없다. 나 또한 마니아적인 성격을 가지고 있지만 오타쿠라 하진 않는다. 나는 개인적으로 무언가에 빠지면 엄청난 소비와 에너지를 쏟는데 중학교 땐 보디숍에 푹 빠져 직원보다 더 많은 제품을 써 보며 통달했고 목욕탕에 갈 때면 발에 바르는 크림, 손에 바르는 크림, 무릎에 바르는 크림, 몸에 바르는 크림 등 얼굴이 아닌 몸에만 바르는 크림을 몇 통씩 넣고 다녀 아줌마들의 어이없어 하는 표정을 본 적이 있다. 고등학교 때는 수입 화장품에 푹~ 빠져 미국과 캐나다에서 화장품이 배송되곤 했다. 일본에 오고 나서는 카메라와 케이크에 푸~욱 빠졌는데 특히 작동법도 모르는 라이카 M6, M7은 지난 2년 동안 주말만 되면 카메라 가게에서 눈이 빠지게 침만 흘린 나의 그림의 떡~이다.

케이크는 아무리 비싸도 계산을 못할 가격은 없으니 결국 케이크에 많은 소비를 했지만 아직도 케이크를 잔뜩 먹고 나면 소화도 시킬 겸 라이카 구경을 간다. 보면 볼수록 끌리는 물건임은 틀림없다. 어쨌든 그렇게 끊임없이 먹고도 케이크란 것이 잊히지 않고 계속 먹고 싶다는 생각이 들게 만드는 가게가 있으니, 롯폰기의 피오렌티나이다. 그 맛의 중독은 무서울 정도이다. 피오렌티나는 장소가 롯폰기힐즈 1층인 만큼 외국 손님이 많고 고급스럽다. 장소가 장소인 만큼 맛의 중독성을 진정시켜 주는 건 다름 아닌 가격이다. 몇 개 먹고 나면 서비스비와 함께 웬만한 런치 값을 치르는 피오렌티나. 하지만 가격보다 맛에 이끌려 나는 내가 지금까지 먹은 케이크집 중 베스트에 가까운 점수를 주며 아직도 자주 찾는다.

케이크에 조금은 투자할 마음이 있는 사람에게 좋은 곳이다. 2년 전 처음 이곳에서 케이크를 먹었을 때 너무 맛있어 그 다음주 주말엔 룸메이트를 꼬셔서 또 가곤 했었다. 일주일 내내 피오렌티나, 피오렌티나 노래를 불렀던 나는 어느새 케이크에 점점 중독 되어가고 있었다. 남의 일이라고 생각하지 말아 주길, 피오렌티나의 케이크를 맛본다면 당신도 케이크 오타쿠가 될 수 있으니⋯⋯.

フルフル
FUL FUL
525

# 케이크 관련 일본어

안녕하세요.(오전 인사)

おはようございます。 오하요 고자이마스.

안녕하세요.(오후 인사)

こんにちは。 곤니치와.

안녕하세요.(저녁 인사)

こんばんは。 곤반와.

감사합니다.

ありがとうございます。 아리가토 고자이마스.

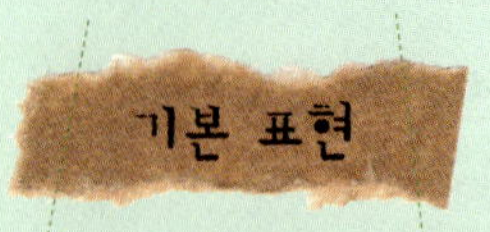



제일 인기 있는 케이크는 무엇입니까?

一番人気があるケーキは、何ですか？

이치반 닌카가 아루 케-키와 난데스카?

이 가게의 대표 케이크는 무엇입니까?

このお店の看板ケーキは、何ですか？

고노 오미세노간판케-키와 난데스카?

---

이 케이크는 얼마인가요?

このケーキは、いくらですか？

고노 케-키와 이쿠라데스카?

---

계산은 어디에서 하나요?

お会計は、どこでやりますか。

오카이케이와 도코데 야리마스카?

---

계산해 주세요.

計算して下さい。

게이산시테 구다사이.

---

단맛이 적은 케이크는 무엇이 있습니까?

甘さが控えめなケーキは、何がありますか？

아마사가 히카에메나 케-키와 나니가 아리마스카?

---

화장실은 어디 있나요?

トイレは、どこですか?。

토이레와 도코데스카?

---

**점원** 여기서 드시겠습니까?

**店員** こちらでお召し上がりですか？

고치라데 오메시아가리데스카?


**나** 예, 여기서 먹겠습니다.

**私** はい。ここで食べます。

하이. 고코데 타베마스.

- - - - - - - - - - - - - - - - - - - - - - - - - - - - - - - - - - - - - - - - -

**점원** 음료는 무엇으로 하시겠습니까?

**店員** 飲み物は、何になさいますか。

노미모노와 나니나사이마스카?


**나** 물로 부탁합니다.

**私** お水でお願いします。

오미즈데 오네가이시마스.


**나** 메뉴판을 주세요.

**私** メニューを下さい。

메뉴오 구다사이.

- - - - - - - - - - - - - - - - - - - - - - - - - - - - - - - - - - - - - - - - -

**점원**   주문하신 케이크를 들고 가시겠습니까?

**店員**   注文したケーキを、持ち帰りますか？

주몬시타 케-키오, 모치카에리마스카?

**나**   예, 들고 가겠습니다.

**私**   はい。持ち帰ります。

하이. 모치카에리마스.

---

**점원**   선물용이십니까? 본인용이십니까?

**店員**   プレゼント用ですか。自宅用ですか。

프레젠토요데스카? 지타쿠요데스카?

**나**   네, 본인용입니다.

**私**   はい。自宅用です。

하이. 지타쿠요데스.

**나**   네, 선물용입니다.

**私**   はい。プレゼント用です。

하이. 프레젠토요데스.

---

일본에 살면서 항상 외국인이라는, 그리고 혼자라는 생각을 많이 했다. 하지만 이 책을 준비하면서 '내 주위에 이렇게 많은 사람들이 있었구나' 하며 정말 많은 도움의 손길을 받은 것에 감사하게 되었다. 케이크 가게에 대해선 뒤지지 않을 만큼 잘 안다고 잘난 체하며 케이크 가게 이야기만 나오면 목소리를 높였는데 책을 준비하면서 '내가 이렇게 모르는구나, 정말 많이 부족하구나' 하고 느끼며 또 다시 공부하게 되었다. 일 년 가까이 준비하는 기간이 쉽지 않았지만, 이 책을 읽는 독자들만큼은 즐거운 길로 떠나길 바란다.

할 수만 있다면 제대로 된 가게와 케이크를 많이 소개하고 싶어 30군데의 케이크집에 몇 번이고 전화를 하고 여러 장의 팩스를 보내 설득하며 촬영을 허락받았다. 그중 아주 유명한 케이크집에 촬영을 간 날은, 매장 오픈 전 시각이고 월요일임에도 불구하고 내가 도착하기 전부터 벌써 네 곳 정도의 촬영팀이 와 있었다. 그들은 무거워 보이는 큰 카메라와 반사판 그리고 많은 인원과 함께 BMW 차까지 몰고 와 당당하게 촬영에 임했다. 더운 여름날 땀을 흘려가며 역에서 걸어걸어 찾아간 나는 일본 나이로는 기껏해야 22살의 어린 여자아이였다. 많은 케이크 가게의 담당자들이 매우 간단한 나의 촬영 장비와 생각보다 어린 나를 보며 당황했다. "카메라맨은 언제 오나요?"라며 묻는 질문에 "제가 다하는데요."라며 대답하는 내 손엔 카메라와 너덜너덜해진 수첩과 볼펜이 전부였다. 늘 촬영을 가기 전이면 너무 긴장해 아침 일찍부터 일어나게 되는데, 작은 용기 하나와 다른 사람이 볼 수 없는 것을 보게 하는 맑은 눈을 가지게 해 달라고 기도했다.

책에 소개하지 못한 맛있는 케이크집들이 내 머릿속에 안타까움으로 남아 맴돈다. 나중에 뒤늦게 알아버린 예쁜 가게들도 많고, 촬영 준비를 못했던 가게도 있고, 열 번이 넘는 전화 설득에도 불구하고 촬영이 허락되지 않은 가게도 많았다. 특히 너무도 소개하고 싶었던 이세탄 백화점 지하에 있는 AOKI 케이크집은 책에 실려 있진 않지만 꼭 한번 그곳의 케이크를 맛보길 바란다. 700엔이 훌쩍 넘는 가격에 놀랄 수도 있지만 그 맛에 한번 더 놀랄 테니 아무렴 어떠랴. 케이크집을 취미로 돌아다니며 오로지 그 달콤함 때문에 한국에 돌아가지 못하고 있지만 한국에도 일본 못지않은 달콤한 것들이 많이 있을 것을 기대하며 이제 돌아갈 준비를 한다.

내 심장인 엄마, 아빠, 호일 오빠 그리고 주선 이모와 유희 언니, 십년지기 미정이와 은비, 비타민 청회, 맛집 친구 보민 언니, 미영이, 병재, 형국 쌤, 호자, 책에 도움을 준 영경 언니, 윤희 언니, 일본의 보경이와 정하 언니, 장지영 언니, 유카리, 은향, 다정 그리고 히로시마에서 천방지축인 나에게 부모가 되어 주셨던 이상훈 선교사님 가정과 소기호 선교사님 가정, 그리고 좋은 기회를 주신 넥서스 출판사와 글의 기본을 가르쳐 주신 양정희 님과 김기남 님, 마지막으로 자금, 용기, 날씨를 책임져 주신 나의 스폰서 하나님께 감사의 기도를 드린다.

Paris S'éveille
黄パプリカパッション
patisserie
Potager
cuisine

Sweet Tokyo